梦想教育家书系
课堂变革系列

高阶思维
培养有门道

〔美〕R．布鲁斯·威廉姆斯 著

刘 静 译

教育科学出版社
·北 京·

谨将本书献给吉姆·凯利，他充满同情心，将爱与智慧融为一体，并为他关心的人带来生命活力。

杨咏梅

贵州省教师教育系列特级教师

贵阳市南明区教育局原局长、南明区教师学习与资源中心校长

在课堂教学改革进入深度发展的阶段，启发式、互动式、探究式教学，深度学习，合作学习，项目化学习等教育热词不断涌入我们的视野。教育工作者和一线教师开始关注并努力尝试在课堂上运用这些新的学习方式，因为这些学习方式的落点都共同指向学生高阶思维的培养。然而，很多教师对高阶思维并没有建立起结构化的理论储备和实践支持，特别稀缺的是拿来即可用于支持学生实现高水平学习的教学资源，所以教师在课堂教学设计与实施中往往显得心有余而力不足。正当此时，教育科学出版社在出版了布鲁斯先生的《合作学习有讲究》的中文译本后，又即将出版他的《高阶思维培养有门道》中文译本。

作为学习者，我有幸接受过布鲁斯先生关于合作学习与高阶思维工作坊的培训，又有亲身担任多个工作坊转培的实践经历，今天再拜读这两本书，对书中阐述的理论与实践指导运用有了更切己的认识和理解。这两部著作具有高度的内在关联性：用合作学习的教学策略，就不同的学习主题，借助不同的工具、技巧，驱动学习者思维的快速流动，在不断地思考、追问、厘清、创生中培养学习者可见的高阶思维技能。而布鲁斯先生促进学习者高水平思维行之有效的工具，就是驱动思维发展的高质量问题与可表征思维过程的图形组织器，这两项在《高阶思维培养有门道》一书中都有充分的体现。在实践运用中，我深刻地体会到如果能将这两种工具有效地运用于教学中，就能让学习者体验到自己的思考是有价值的，就能使无论是教者还是学者获得成功的体验——高水平思维活动与积极情绪融合的快感，即书中所说的"心流"。并且你会惊奇地发现，所有参与者的大脑转速加快，思考的层面与角度会更宽泛，人变得越来越聪慧，产生了思维发展的"滚雪球"效应！

《高阶思维培养有门道》与《合作学习有讲究》同是支持教师开展高水平教学，促进学生实现高水平学习，既有理论解释又有极强实用价值的好书！

房超平

中国教育发展战略学会教师发展专业委员会副秘书长

教育科学出版社思维导学教改项目首席专家，清华大学附属中学校长助理

在以知识为本到素养为本的课堂教学变革中，培养学生的高阶思维越来越成为一线教师关注的焦点。虽然在这方面国内的教育实践者做了很多有益的探索，也取得了不少宝贵经验，但在高阶思维技能的维度和层次等方面，全面、系统地思考课堂培养高阶思维的方法和策略的专著还不多见。因此，本书的出版对于有志于强化高阶思维技能培养的一线教师无异于雪中送炭。难能可贵的是，除了语言通俗易懂，本书列举了大量教学和生活中的实例，诠释作者关于高阶思维培养的 15 种技能和17 种图形工具，同时，还给出了操作性很强的培养高阶思维的备课模板。我两年前有幸参与布鲁斯先生主持的一次工作坊，亲身感受布鲁斯先生手到擒来的培养高阶思维的非凡能力。我相信，只要老师们在课堂教学实践中有效运用书中的问题和图形工具，一定会大大节约在教学设计与实施中的成本，一定会"创设出属于自己的图形组织器和高阶思维问题"，也一定会促进学生在高阶思维形成方面取得卓越的成就。

刘晓云

中国海洋大学附属银海学校校长

教育科学出版社首届教育引导培训师内训营学员、认证教育引导师

这即将是我拥有的布鲁斯先生第三本中译版著作，前两本（《合作学习有讲究》《学校变革，我们一起来！——教育引导者的 12 种角色》）都是我案头常翻常用之书，这本书也势必如此。从 2015 年有幸跟着布鲁斯先生学习引导、实践引导开始，我深切感受到引导带给自己和身边人的变化。如果说以前更多的是边学边做引导，那这一次从本书中理解了为什么布鲁斯先生的授课那么受学员欢迎，为什么他总喜欢让

我们提问题，为什么他总换着花样让我们尝试多种可能性，原来他一直在用高阶思维的培养方式带领我们学习。提出好问题、体验先行、搭建脚手架、向错误学习、在反思中提高，这些都是布鲁斯课堂上经常用到的词汇和实践的行动。就像本书中讲到的，他相信每个人的高阶思维技能都是可以培养的。提出好的问题可以为学生搭建思考的脚手架，帮助学生达到思维的更高水平；而图形组织器则可以将学习和思维可视化，从而帮助学生更好地理解、记忆和应用，真正走向深度学习，让真实的学习得以发生。这真的是一本帮助我们实现有效教学的案头之书。

谭文明

北京市海淀区教师进修学校教师培训者
教育科学出版社首届教育引导培训师内训营学员、认证教育引导师

因为工作的关系，我曾有幸与本书作者布鲁斯先生一道，为许多地区中小学校的教师们开展有关不同教学策略的培训工作坊。"高阶思维技能培养"是其中较为复杂的主题之一，如本书译者刘静老师所言，这类工作坊非常"烧脑"，而教师们却又乐得参与其中。究其原因，或许是因为思维技能的培养，特别是高阶思维技能的培养，与人一生的发展（生活、学习、工作）息息相关。相对于"为何要培养学生的高阶思维"（Why 的问题），实践中的各级教育工作者或许更关注"究竟如何在一堂一堂的常规课中培养学生的高阶思维"（How 的问题）。布鲁斯先生基于前人研究，遵从脑科学与学习科学的规律，用后现代课程观的相应视角，为我们真正在教育实践中、生活中落实高阶思维技能培养提供了别样的"门道"。一线教师、教师培训者、家长、学生，乃至每一位终身学习者，都能从这本小书中获益。

秦亮

清华大学附属中学合肥学校化学教师

如果可以，请给孩子们高阶思维发展的沃土！

本书作者布鲁斯先生拥有超过 40 年的教育咨询和成人培训经验，多样性的生活和学习工作经历是作者高阶思维发展的沃土。

思维培养是当下教育的热点，也是许多教师感到棘手的难点，短期内不易见成效，教师往往容易放弃。本书分别从 5 个维度 3 个层次介绍了 15 种高阶思维技能及其培养策略。作者细化高阶思维的各个维度，从概念到案例给出了详细的可操作性的阐述和描绘。我在阅读时脑海中不断闪过我的课堂教学曾经遇到的问题和情境，书中的分析、策略和工具使我敢于尝试在化学教学情境中分析这些高阶思维技能培养的可行性及积极效应。

比如，书中提到高挑战低威胁的环境更利于思维的发展，帮助我厘清了挑战和威胁的区别，改变了我对挑战的错误认知。又如，书中提到应将素养、技能和知识作为工具，使学生加深对重要问题和主题的理解。"既然学生迟早都要面对这些重要问题，那么学校就可以成为学生探讨此类争议问题的安全演练场，提高学生以批判性视角审视这些问题的能力。"尤其是书中提到发展学生的思维，教师不能偷工减料，要给学生足够的时间去经历高阶思维的历程。

我鼓励我们一线教师都来阅读这本书，将书中的观点与自身教学现场相结合，正确看待学生的思维发展，助力我们的年轻一代为未来做好准备。

推荐序一

罗滨

一本高阶思维培养的行动指南

有幸提前读到布鲁斯先生的《高阶思维培养有门道》，很感动，也引发我很多的思考。

构建高质量育人体系，培育优秀人才，是国家落实立德树人根本任务的要求，是每一个学生生命成长的需求，也是每一位教师的责任。新时期是一个"变化是唯一不变"的时代，人才的培养要同社会发展、国家需求相契合，创新、跨界创新无处不在。教师要在传道、授业和解惑的基础上，提升自己的课程育人能力，做学生成长的引导者、支持者和陪伴者。

教师的教学，要让每个学科的知识承载更多的素养功能，重视价值观念、沟通能力、合作能力、共情能力、坚毅品质和多角度思维等的培养。要培养学生的创新能力，用具有挑战性的学习任务、担当责任的社会性活动，激发他们的好奇心、想象力和创新思维，养成创新人格，鼓励学生勇于探索、大胆尝试、创新创造，为学生成为能够创造美好未来的社会实践的主人打基础。

高阶思维能力是学生具有创新能力的关键表现。高阶思维能力集中体现了时代对人才素质提出的新要求，是适应当前和未来发展的关键能力，对于个人生活幸福、国家创新发展、人类社会进步具有关键性作用。关注高阶思维能力是国际教育界的广泛共识，高阶思维能力成为很多国家发展学生核心素养的重要组成部分。然而，在一线教师的课堂教学实践中，教师对学生高阶思维能力培养的意识还有待加强，并且缺乏行之有效、操作性强的支持工具和策略、方法。

在这样的大背景下，布鲁斯先生的《高阶思维培养有门道》对于教师如何培养学生的高阶思维具有非常重要的现实意义和价值。"门道"，就是做事的诀窍和方法，本书为教师培养学生的高阶思维搭建了专业的脚手架，提供了路径、方法、工具以及可参照的案例，为教师快速掌握并将其有效运用到教学实践中提供了可能，可以说是一本高阶思维培养的行动指南。

布鲁斯先生基于众多研究者对高阶思维的研究成

果，将高阶思维这一极为抽象的概念的内涵进行了清晰具体的界定，把高阶思维技能做横向的维度划分和纵向的分层，包括 5 个维度：相关—同时代性、丰富—复杂性、关联—联系性、严谨 / 专注—挑战性、迁移 / 递归—概念性，每个维度都包括 3 个层次：理解信息、概括洞察、发现应用，形成了一个 5×3 的矩阵，组成 15 种高阶思维技能。

最难能可贵的是，针对每一种高阶思维技能，本书都给出了相应的教学策略和方法。通过一个故事引入，然后阐释某一个维度的高阶思维技能的具体含义，分析讨论其价值和意义以及与现实生活的联系，并分别在 3 个层次上给出教学的策略，提供促进该维度高阶思维技能发展的启发性问题和图形组织器及相应案例。在阅读本书的过程中，我能够深深地感受到，布鲁斯先生基于多年的研究和丰富而深厚的培训实践的积累，从最便于学习者学习的视角，深入浅出、逻辑清晰、简洁明了地将研究和培训成果转化成可以被快速学习、理解和掌握的，可参照、可操作、循序渐进的高阶思维培养的工具、策略和方法，这也是本书的精华所在。

初识布鲁斯先生，是源于我校与教育科学出版社合作的面向教研员和培训者的引导力国际研修项目。布鲁斯先生作为主引导师，面向我校 60 位教研员和培训者设计并实施了系列的引导力参与式工作坊。工作坊特别突出体验、尊重、参与和分享的特点，营造自主、合作、参与、探究的良好的教师学习氛围。布鲁斯先生引导大家一起学习和体验了焦点讨论法、体验先行的培训设计、参与式研讨的四种引导策略、合作学习、高阶思维能力培养等课程，使大家在亲身体验中更好地理解成人学习规律，在平等参与、共研共创、反复练习中掌握引导的方法、策略和工具。我们欣喜地看到，引导的方法、策略和工具在海淀区教研和培训中的广泛应用，在一线课堂教学中的积极尝试，有力地推动着教研员和培训者成为教师学习的引导者、合作者和促进者，促进一线教师成为主动学习者、研究型实践者和反思者。

布鲁斯先生是随和的，更是严谨的，学生、教师在他的心中最重要。还记得 2016 年 11 月初，中国高等教育学会教师教育分会区县级教师进修院 2016 年会在重庆北碚召开，主题是"面向未来的培训者能力建设"。布鲁斯先生在这次大会有发言，并将主持一个工作坊。他抵达重庆之后，不顾疲劳，迅速地进入准备状态。在准备过程中，铅笔不小心碰伤了手指头，他到医院做处理后，还是更加关心工作坊准备的各个细节。工作坊前的一切准备，就是为了更好地让教师们参与、专注、投入、思维容量大、互相启发多、碰撞生成多，令人尊敬！

我相信，布鲁斯先生这本洋溢着满满的"读者友好"，同时具有开放空间和无限可能性的书，一定能够为一线教师打开一扇高阶思维培养的"门"，帮大家找到高阶思维培养的"道"。一线教师在将书中所学在课堂教学中应用实践并不断深化的过程中，也一定能够发现高阶思维培养的精髓和要义，生成本学科高阶思维培养的故事和案例，创造出属于自己的高阶思维培养"门道"，发现高阶思维的魅力，享受高阶思维培养的乐趣，从而让高阶思维的培养走得更广、更深、更远，最终带来每一位学生更高素养的发展，让每一位学生拥有更加美好的未来，创造更加美好的未来！

让我们共同期待！

（作者系北京市海淀区教师进修学校校长，正高级教师）

推荐序二

杨咏梅

创造面向未来的高阶思维课堂

我很少有读一本关于思维之道的书如此的渴望、专注和兴味盎然！

这应该是源于 2018 年首次参与本书作者布鲁斯先生在贵阳市观山湖一小做高阶思维技能培养工作坊的体验式学习。当时，我们选定高阶思维技能培养作为培训专题，就是因为在以素养教育为主旨的新课改背景下，培养学生的高阶思维技能显得非常重要，但在教学中如何有效地培养这种技能一直是难以突破的棘手问题，对此老师们望而生畏。怀着这样的迫切期待，我们通过教育科学出版社，有幸邀请到美国资深教育咨询顾问与培训师 R.布鲁斯·威廉姆斯先生为我们专门开设了"高阶思维技能培养与运用"参与式工作坊。这次学习让我们特别难忘，因为布鲁斯先生以他独特的培训方式，编织了一个关于高阶思维技能纵横交错又互相关联的认知与实践系统，并且每个关于高阶思维技能的陌生概念，先生都会用生活中的故事、问题及图形工具引导我们去感知和把握，调动我们的生活经验和联想力与这些生僻的思维概念产生联系，并现场创造出相应的学习产品。虽然结构复杂的高阶思维技能我们不可能当场全部消化，但通过布鲁斯先生实实在在的教授，我们真实地看到，人们认为玄不可测的思维被赋予语言的外衣及视觉系统的表征，不仅可意会，且可言传，还可以借助思维工具去直接教授。我们感动于布鲁斯先生对学习者的高度信任，他相信每个人都有高阶思维技能，并且不断给参与者提供学习支架，激活大家的思考力！

之后，受教育科学出版社教师教育编辑部刘灿主任的邀请，我与教科社团队的老师们一起到北京市中关村第一小学做了一场关于高阶思维培养的工作坊。用，就是最好的学！在准备这次工作坊的过程中，我力图厘清布鲁斯先生关于高阶思维5个维度3个层次的思维水平及15种高阶思维技能之间的联系，因此特别留心琢磨先生如何教授这些思维技能。再度的学习实践让我对高阶思维的理解与实际运用又向前迈进了一大步！之后，我开始不断尝试用布鲁斯先生教授的高阶思维技能培养工具——高质量问题与图形组织器来设计面向教师和学生的教学活动。在这些实践中，我明显地体验到在基于思维素养培养的课堂上，教师的教学不再是生硬地向学生灌输知识，而是力图运用工具与技巧引导学生将知识转化为思维、转化为力量、转化为生活经验，展现了思维的张力与美好！

在接到刘灿主任和本书责任编辑殷欢老师邀请，为本书做一个学习分享时，我带着迫切的阅读期待和先前的有限认知，认真拜读了全书，眼前浮现出布鲁斯先生进行该专题培训的一幕幕生动的场景，同时脑海里不断闪现出这些关键词：入势、入理、入情、入境、入实。我想这应该是切己的些许阅读体会吧！

● 入势，《高阶思维培养有门道》的教育理念与方法能回应当今教育改革趋势的要求。

21 世纪是一个令人激动的时代，因为它展现出更加开放、多元、丰富、复杂、多变的时代特点。人们在这个时代既可以大有作为，同时也面临这个充满不确定性的时代对人们的社会适应能力、思辨能力、科学决策能力与创新能力的挑战！我们今天的青少年到2035 年前后都会成为承担社会责任的主力大军。如何让青少年在求学时期获得 21 世纪所需人才必备的能力素养，成为我国教育改革的重中之重。所以中共中央、国务院颁布了一系列教育改革的文件，意在提高我国各级各类学校的教育质量。因此，今天的教师必须提倡和帮助学生获取 21 世纪的胜任力，即批判性思维、问题解决能力、合作能力、口头表达能力、写作交流能力、创造和创新力。这些能力的获得都指向学生思维技能的发展。所以，为培养学生的高阶思维而教不是可选项，是必选项！在我国一些教育改革先行者开始关注并准备实践合作学习、高阶思维技能教学的重要阶段，教育科学出版社推出了布鲁斯先生《合作学习有讲究》《高阶思维培养有门道》两本具有高度内在关联性著作的中文译本。合作学习教学策略适用于有挑战性的高阶思维学习任务，高阶思维技能支持了高质量合作学习的发生。这两本书从不同的理论与实践角度，为有志于开展高阶思维技能培养与合作学习教学的老师们提供了极有价值的理论学习和实践运用的有力支持！

● 入理,《高阶思维培养有门道》有着丰富、多元、开阔的学习理论研究视野。

本书不仅有布鲁斯先生自己的真知灼见,如在本书导言中,他多次坚定而明确地表达了自己的学术思考:"要想让学生做好准备迎接这个变化迅疾的世界,当务之急,教师要培养学生的批判性思维,并鼓励学生开展独立思考。""很多富有洞见的教师都渴望拥有一个内容丰富、复杂的课堂,以促进学生的感官、情感和思维发展。""从长远来看,努力培养学生的高阶思维必将产生回报。""高阶思维技能不仅能帮助学生完成学业,而且有助于学生过上更好的生活。"同时他还引用多位专家学者(科斯塔、凯恩夫妇、契克森米哈赖、小威廉姆·E.多尔、加德纳、戈尔曼、西尔维斯特等)关于思维学习的研究结论,与自己的研究结论进行链接互证。如在本书导言的"面向未来的高阶思维课堂"部分,布鲁斯先生的观点是:"让所有教师相信所有学生都能学会思考也尤为关键,教师们要在课堂上对学生传递出这种期待。如果一名教师认为课堂上只有三分之一的学生能够思考,而不认为所有学生都能够展开某种程度的思考,那么他的教学方法就会有很大的误差。"接着，布鲁斯先生引用了贝兰卡和福格蒂的相关论述："如果教师相信所有学生都能思考，都需要思考，那么他会把这种信念传递给学生。重视思考的教师会要求所有学生拓展自己的思维，让学生对所学知识进行解释、分析、转化、假设、预测、应用、综合和评价。他们期待学生去讨论、辩论，回答高水平问题。去证明、写作、'大声思考'，并带着批判性视角，发挥创造力，把教师、课本和同学们分享的观点联系起来。"这些互证性的论述，强调了思维教学原则和方法的重要性，相信也能引起读者的积极关注，并产生立即运用的愿望。

全书多处呈现这些丰富的、多角度的学理引证，如在第四章锻炼严谨／专注性的论述中，布鲁斯先生引用了科斯塔的观点："学生、教师和教育行政人员都需要认识到，学习如何运用思维、不断地提升自身思维水平，正是学生接受教育、我们从事教育工作的宗旨。"它们在读者的面前展现了开阔的学术研究视野，且能让读者厘清相关理论、观点的来龙去脉，建立起更客观、全面的认知图景，对书中的理性阐述和实践支持产生高度的学术信任和实践运用的信心，从中我们也领略到布鲁斯先生深厚的学术修养和对他人的学术尊重！

● 入情，高阶思维技能的培养必须融入积极情感。

布鲁斯先生在高阶思维与合作学习工作坊中曾说过，没有积极情感伴随的课堂就不会有高阶思维的发生！在这本书中，他也特别强调高阶思维技能培养与情感建立之间的重要性。在第一章里，布鲁斯先生强调："教师如果想让学生关注、掌握和运用什么知识，就必须把这些知识包裹在能够唤起情感的情境中。""情感是通向专注的途径，而专注是通往高阶思维的途径。"接着他引用戈尔曼的论述："情感和思维之间有着千丝万缕的联系。因此，试图在学习过程中排除情感，让学习与学生产生切身相关性，将无异于缘木求鱼，难以激发更高层次的思考。"布鲁斯先生认为，在学习环境中适当地融入情感因素可以提升学习者的高阶思维水平。在本章中，他还谈到美国积极心理学家契克森米哈赖提出的"心流"概念："心流"用于描述人们在学习、从事某项工作或爱好活动时的愉悦参与状态。他在阐述中引用了福格蒂关于"心流"这个概念的解释："当学习者体验到'心流'时，就好像抵达了创造性的绿洲，即使任务很复杂，也会感到非常享受，而不会感到沮丧、疲劳或徒劳无功。事实上，人们在'心流'状态中运用技能的时候，有强烈的享受和喜悦感。""当人处于'心流'状态，就会产生进一步学习的热情或锻炼某项技能的积极性。学习者能够沉浸在吸引他们的内容材料中，没有什么能阻止他们。在这个时候，思维和情感合而为一。"

正因为如此，我们看到布鲁斯先生在所有工作坊的培训情境中，总是致力于以亲切和蔼的教态，使用丰富多彩的、新颖的学习材料，营造安全友好的学习氛围，调动学习者积极地完成那些高挑战性的高阶思维学习活动。让学习情境、材料或学习收获与学习者的情感产生交互式流动，引发"心流"现象，促使高阶思维发生。作为一位杰出的教育引导师，布鲁斯先生的言谈举止中自然流淌着真诚、友好、爱与智慧！他以自己为示范，不断激发学习者产生"心流"效应。这是我们必须谨记和遵循的一条教育原则。

● 入境，《高阶思维培养有门道》注重创造引入新知的情境。

如同布鲁斯先生主持的工作坊一样，在《高阶思维培养有门道》一书的写作中，先生总会以一个与章节内容紧密相关的故事情境作为导读的钩子，以此营造一个让人们感到彼此之间、读者与书中内容之间连接互通的情境。这样设计的妙处在于，虽然我们对高阶思维五大维度的专有名词：相关、丰富、关联、严谨/专注、迁移/递归有一定的陌生感，也会有不同程度的理解障碍，但当你看完每个章节的导读故事，就会对相关的高阶思维概念获得初步的体认，从而提高阅读期待度，以比较释然的心情进入主题阅读。比如，作者的中文版序开头用"我们越来越清晰地发现，在当今的工作环境中，只了解事实信息是远远不够的，我们如何才能判断哪些事实信息对日常生活不可或缺？今天，电脑和智能手机将我们裹挟在信息洪流之中，我们如何才能分辨哪些信息对于我们的工作生活有用？哪些信息可信？哪些信息已经时过境迁，不再有用武之地？"这四个问题的罗列，就巧妙地让读者进入了对高阶思维的初步感知。这种写作方法对我们的启示在于：教授高阶思维技能或其他新的学习内容，都需要联系学习者已有的生活经验，让他们从对已有经验的认知走向新知的学习。学习的过程就是在已知和新知中不断穿行的过程。这是符合学习认知规律的一种低进高出的写作方法，也是一种有效的教学策略。

● 入实，《高阶思维培养有门道》为思维技能教学搭建了实施的支架。

布鲁斯先生的《高阶思维培养有门道》一书，理论与实践相结合。较之于偏重理论解析的思维著作，这本书对一线教师更具可读性、指导性和工具性。

本书的中文版序直接说明了写作此书的目的、意义和实用价值：随着时代复杂程度日益加深，所有学生都需熟练运用多种思维技能。这就意味着，教师需要直接而明确地把这些思维技能教授给学生。如何才能培养学生的高阶思维技能呢？布鲁斯先生为大家介绍了两条路径：提出有利于发展高阶思维技能的问题，借助图形组织器促进高阶思维技能的发展。书中列出了 15 种高阶思维技能，每种技能都提供了相关的启发式问题，以及有利于引导学生逐步掌握和发展思维技能的图形组织器。

在本书导言的开篇部分（"如果只要求学生记忆"），布鲁斯先生特别表达了这样的观点：只要求学生记忆知识的教学，"就是在欺骗学生"，它将"导致课堂环境非常乏闷"，使"学生头脑变得呆滞懒惰"，就是在"把课程愚蠢化"；接着讲述了高阶思维技能对于改变思维、改变行动的益处；面向未来的高阶思维课堂的状貌；高阶思维在日常生活中的应用；概括介绍高阶思维的 5 个维度（5R）和 3 个层次；高阶思维教学策略与方法等。在阅读高阶思维的 3 个层次这一部分时，我特别关注该部分列举的 3 个层次示例问题题干的描述动词，如果我们能理解并熟练地掌握这些描述动词，就能准确地选用它们去科学地描述课堂关于思维的学习目标。同时这部分呈现了高阶思维技能矩阵图，这个图形组织器不仅将高阶思维技能的 5 个维度、3 个思维层次及 15 种高阶思维技能进行了结构化的排列组合，更重要的是，它是布鲁斯先生进行高阶思维技能培养的五种门道写作的逻辑构架，我们可以对照此图逐一理解书中提及的多个概念，厘清各个概念之间的区别、层级及关联，同时它也是高阶思维技能培养的一览表，供我们做教学设计时参考对照。

导言后的五章分别就五种门道：建立相关性、发展丰富性、提高关联性、锻炼严谨 / 专注性、强化迁移 / 递归性做了翔实的解读。各章均以故事开头，引入高阶思维技能各维度概念解析，该思维维度与生活的联系，该维度 3 种思维层次涉及的 3 个思维技能。各种技能又按策略描述、与相应思维维度的联系、教学提示、可用于发展该思维技能的问题样例、可借助的图形组织器以及该图形组织器的使用实例逐一展开。各章都按此写作结构呈现，详细地为读者做了各思维维度的解释说明。这是全书最具实用性的重要部分，对一线教育工作者开展高阶思维技能教学特别有指导价值。

本书的附录含 A、B、C 三部分。附录 A 主要呈现问题头脑风暴和高阶思维技能备课工具以及工具使用的详细说明。附录 B 按正文出现的图形组织器顺序，呈现发展 15 种高阶思维技能的图形组织器样图，以便读者查阅和使用。当然我们也可以结合实际教学内容创建适用于具体教学需要的图形组织器。附录 C 呈现了本书中可用于发展 15 种高阶思维技能的问题示例。我们可以通过此部分看到问题与思维之间的对应性，同时也要深刻理解 5 个维度之间的区别。读者可以结合课堂实际情况，创造属于你自己的启发性问题。

为引起读者的视觉关注，《高阶思维培养有门道》一书的很多地方用了特别的文字处理方式，如文本框、字体加粗等凸显作者的主要观点和重要论述的金句，它们凝聚了作者几十年关于高阶思维技能教学研究的思想精华与实践智慧，对我们掌握理解本书的关键要义、实践中需要特别注意的问题等都有醒目的提示。

在带着期待之情与敬畏之心阅读布鲁斯先生《高阶思维培养有门道》时，它总会引起我的思考，当我们阅读的内容与自己已有的实践产生链接时，就会产生情感与思维的共振。其实，在我们的生活与工作中，时时都在发生高阶思维，但我们没有进行梳理，对其建立起系统的认知，缺少有效的策略与工具的支持，在这些方面，布鲁斯先生的这本书给了我许多有价值的指导与启发。特别有体会的是，在我们信任学生具有高阶思维技能的同时，也不能乐观地想象学生们来到课堂的时候已经具备了完善的思维技能。所以，我们需要在教学中直接明确地向学生教授思维技能。

当我们在教学实践中创造出更适合我国教学实际的高阶思维培养"门道"时，我们一定能创建更多支持学生发展高阶思维技能的技巧与策略，使我们的课堂因产生"心流"变得更加灵动，从而为学生面向未来的生活和工作创造出更多的可能性！

（作者系贵州省教师教育系列特级教师，贵阳市南明区教育局原局长、南明区教师学习与资源中心校长，教育科学出版社首届教育引导培训师内训营学员、认证教育引导师）

译者序

刘静

2017 年春天，北京郊区的一个培训中心池塘水暖，碧柳如丝，当时还在教育科学出版社工作的谭文明老师介绍我认识了布鲁斯先生。我坐在会议室的一角，观摩布鲁斯开展学校变革领导力培训。我当时感觉很新鲜，因为培训形式互动性很强，大家通过深层次的互动体验得到学习，这和读书或听报告非常不同。观摩之后不久，我便成为团队中的培训翻译之一，在之后的三年有幸参与翻译几十场引导力、合作学习、高阶思维、大脑友好的教学等主题工作坊。可以说，每场工作坊都很有特色，令人难忘，而高阶思维工作坊尤以"烧脑"著称。

说到思维和思维技能，人们头脑中常常会浮现出一幅画面：一座雕像，一个人托着脑袋坐着，不知道他在思考什么，也不知道他在怎样思考。确实，思维过程时刻伴随着我们，就像我们的呼吸一样自然，然而我们对于自己的思考方式多半还比较懵懂。在日常生活中，我们总是在思考，却很少去给自己的种种思维过程进行区分或命名。如果我们从事教育工作，就需要更多地觉察我们的思维技能，以便帮助学生更明确地把握和发展不同的思维技能。

本书中，布鲁斯在前人研究的基础上把高阶思维技能分为5个维度（相关性、丰富性、关联性、严谨/专注性、迁移/递归性）、3个层次（理解信息、概括洞察、发现应用），形成了一个包含15个格子的思维技能矩阵，每个格子包含1—3种关联紧密的思维技能。5个维度展现了高阶思维丰富的内涵，3个层次逐步深入，从理解、洞察到最终走向应用。

或许喜爱思考的读者会问：这么划分思维技能的依据是什么？这种思维技能的分类方式与布卢姆提出的领会、运用、分析、综合等认知发展目标有什么异同？这些都是好问题，按照本书作者布鲁斯的描述，读者在提出这些问题的时候，至少具体运用了分类与对比两种思维技能。

人在思考过程中，往往同时运用着多种思维技能。很难说我们在什么时候仅仅只是在记忆，而没有任何的理解和分析；只是在运用，而没有进行评价和判断；只是在创新，而没有进行视觉化、想象。把思维技能进行分类，是为了帮助我们把语言之外（只可意会）的思维过程带入语言，把它变得可以言传，还可以对我们的思维过程进行反思。人类的大脑和思维是亘古常新的奇迹，因此，对思维分类所做的种种尝试，都是为了帮助我们理解、把握和进一步发展这个奇迹。具体怎样才能让学生掌握和发展促进自身获得成功的高阶思维呢？本书中的每个思维技能不光包含科学的介绍，还有利于促进思维技能发展的教学提示、相关问题和图形组织器，方便教师运用到课堂教学实践中。

本书提及的 5 个维度的思维技能中，除了相关性（切近个体人生）、丰富性（感知多元境界）、严谨／专注性（思维的强健活力）、迁移／递归性（跨越时空的应用），还有关联性（万物之间皆有联系）。这意味着思维不应该是一项让人感到孤独的活动。在培训课下，我曾经问过布鲁斯老先生他的使命是什么，他没有说传递教育理念，也没有说培训思维技能，而是说营造一个人们感觉到彼此之间联系互通的场所。因为如老先生所说，世界上已经存在相当多的隔阂，隔阂往往是因为欠缺高阶思维。如果人们打开高阶思维的翅膀，就有希望超越隔阂，看到彼此之间的联系。

本书主题是高阶思维培养，而作者布鲁斯在本书献词中说："谨将本书献给吉姆·凯利，他充满同情心，将爱与智慧融为一体……"也许，因为有这样一位人生楷模，所以布鲁斯本人也是一样，将爱与慈悲融入深邃的思想。记得在一次培训现场，布鲁斯说起某个我们常用的英文词，我却忘记了那个词的中译文是什么，惭愧自责之间，只听布鲁斯老爷爷慈爱地说："对不起，我不该突然说起那个词，下次我会提前和你说。"口吻中没有任何的责怪。假如在同样的情况下，我能够做到这样用爱和慈悲来支持引导，而不生气、批评吗？类似的情况还有许多，他对待培训助教老师、工作坊的参与者，都是这样慈爱多严厉少。但是，他从不鼓励我们放弃自己的思考，去依赖他的思考，而是一直鼓励我们发掘和运用自身的思维力量。

著名翻译家严复曾经感叹翻译难："一名之立，旬月踟蹰。"非常感谢教育科学出版社的老师们基于布鲁斯之前工作坊的成果，提前确定了高阶思维各个维度、层次的译名，给我很大便利。虽然如此，跨越语言障碍搬运抽象的思维技能概念还是很有挑战性的。在初译此书时，我犯了紧扣原文词句直译的错误，后来修改甚至重新翻译，才觉得能够更贴合本书原意。即使如此，翻译仍难免有不尽如人意处。如果在阅读过程中对译文有疑问，欢迎您写电子邮件与我沟通。
（电子邮箱：happyjing365@163.com）

最后，诚挚感谢谭文明老师介绍我加入布鲁斯工作坊的翻译团队，不仅增加了我的翻译经验，更丰富了我的人生。感谢教育科学出版社教师教育编辑部主任刘灿老师，他的从容和勤勉也将激励我前行。感谢本书责任编辑殷欢老师，她的帮助和提醒对于本书译文质量改进不可或缺。感谢教师研修专家张铁道老师，他的国际化视野和探索创新精神堪称楷模。感谢曲艳霞老师、张晖老师、杨咏梅老师以及教育科学出版社首届教育引导培训师内训营每一位同学和助教老师。想念与你们一起工作的时光！

（刘静，通过 CATTI 一级英文笔译考试，曾担任非营利组织战略管理、校长领导力、非暴力沟通、个性化教学、萨提亚模式专业认证课程等工作坊的口译工作；多次担任 R. 布鲁斯·威廉姆斯先生主持的教育引导、高阶思维、大脑友好的教学等多个主题工作坊的口译员；出版《高效能团队的六条法则》《人道主义行动中儿童保护的最低标准》等多部译作。）

中文版序

我们越来越清晰地发现，在当今的工作环境中，只了解事实信息是远远不够的，我们如何才能判断哪些事实信息对日常生活不可或缺？今天，电脑和智能手机将我们裹挟在信息洪流之中，我们如何才能分辨哪些信息对于我们的工作生活有用？哪些信息可信？哪些信息已经时过境迁，不再有用武之地？当我们提出这些问题的时候，我们就进入到高阶思维领域。

成功人士往往在运用思维技能上胜出一筹，似乎这些技能就是他们与生俱来的本领；其他一些人则通过观察他人来学会运用思维技能。然而，随着时代的发展，工作、学习、生活的复杂程度日益加深，所有学生都需要熟练运用多种思维技能。这就意味着，教师需要直接而明确地把这些思维技能教授给学生，不仅看结果，更要关注学生是通过什么过程得出了结果。

如何才能培养学生的高阶思维技能呢？我在本书中和大家分享了两条路径：提出有利于发展高阶思维技能的问题，借助图形组织器来促进高阶思维技能发展。本书列出了 15 种高阶思维技能，每种思维技能都提供了相关的启发式问题，以及有利于学生熟练掌握该思维技能的图形组织器。

　　在这本书看来，教师直接面向学生教授高阶思维技能非常重要。为此，我在书中附录部分提供了一个备课模板，协助各位教师为直接教授高阶思维技能做好教学准备。针对学生需要强化的特定的思维技能，学校的每一位教师都可以借助模板做好相应的备课方案。这样，学校教学组就具备了关于不同思维技能的一系列备课方案，可以按需开展教学。

　　我鼓励每一位中国的读者朋友在阅读这本书时能创设出属于自己的图形组织器和启发式问题，促进学生取得卓越的成就。我也期盼这本书能伴随读者们延续高阶思维的旅程，不断在课堂和生活中深化使用高阶思维技能。

目　　录

本书导言

如果只要求学生记忆

▼

　　随着考试和教学问责所决定的东西越来越多，知识记忆越发受到人们的重视。然而，从过往到现在，对于把知识记忆作为学校教育唯一目标的质疑之声不绝于耳。尽管记忆也很重要，但是记忆不能与深度的理解、思考及学习混为一谈。正如保罗（R.Paul）所说："直到今天，我们还是拒绝面对关于知识、思考与学习的真相。直到今天，我们的教学还是因循守旧，仿佛认为学生记住了就等同于理解了。"（Paul，1993，p. viii）

　　　　对于 21 世纪的人们来说，仅仅依靠记忆是不够的。

毫无疑问，在极具决定性的考试中，记忆至关重要。而且，关于大脑研究的结果也给教师提供了多种方法来帮助学生记住信息。然而，对于 21 世纪的人们来说，仅仅依靠记忆是不够的。实际上，现在的一些标准化测试也反映出，社会已经提高了对人才的要求，而不仅仅重视人的记忆能力：

放眼世界各地，无论在哪个学段，课堂教学都属于典型的讲授式教学，维度单一。这种教学虽说不禁止学生思考，却也不关心学生是否思考。在沉闷的考试演练中，教师把空洞的结论讲授给面无表情的学生。在这个过程中，学生体验不到奇思妙想，体验不到令人激动的思维转折，不需要什么大胆的思考，也用不着经历纠结或冲突。没有理性的交锋，智力得不到激荡或训练，心灵和头脑都毫无波澜。在这个过程中，学生被灌输知识，而不能提出疑问。学生不质疑他们看到、听到、读到的任何信息，也没人鼓励他们质疑……。他们不会去挑战同学的思维，也并不期待别人来质疑他们的思考。（Paul，1993，p.9）

教师如果只要求学生记忆，就是在欺骗学生，就是在传递这样的信息：学生自己的思考是没有价值的，质疑和挑战是不受欢迎的——这将导致课堂环境非常乏闷，学生头脑变得呆滞懒惰。这是在"把课程愚蠢化"。

高阶思维技能的益处

当教育工作者展望未来学校教育的时候，就会觉察到，我们今天所依赖的许多数据和信息在将来可能会发生改变，或被推翻。詹姆斯·贝兰卡（J.Bellanca）和罗宾·福格蒂（R.Fogarty）说："极少有人能够预见未来。为了让我们的年轻一代做好准备，面对未来的种种可能，最明智的课程似乎莫过于能够培养学生批判性思维和创造性思维的课程。"（Bellanca，Fogarty，1986，p.5）

> **要想让学生做好准备迎接这个变化迅疾的世界，当务之急，教师要培养学生的批判性思维，并鼓励学生开展独立思考。**

对当今学生而言，在生活和工作中开展清晰思考、创意思考的能力将永远有用，永远不会过时。普伦蒂斯（M.Prentice）对此言之凿凿："教会孩子如何思考，是训练明日成人头脑的必备基础。"（Prentice，1994，p.11）教师除了要提供关键的数据、信息、概念、过程和工具，还要让每个学生都学会思考。要想让学生做好准备迎接这个变化迅疾的世界，当务之急，教师要培养学生的批判性思维，并鼓励学生开展独立思考。高阶思维自 20 世纪 80 年代以来一直受到教育工作者的推崇，时至今日，它的重要性愈发凸显。凯恩夫妇（R.N. Caine，G. Caine）指出：

我们已经明确地知道，虽然行动有其重要性，但是思维影响并塑造着行动，思维的重要性远远超过行动。不管是个体还是集体，我们都要首先改变思

维，因为若不改变思维，就不能改变我们的日常行为。（Caine，Caine，1997，p.11）

批判性思维，辅以高阶思维工具，将对学生产生深远的影响。有了这二者，学生在未来不仅能够获取新的信息和资料，而且能够弄清楚如何做出改变，以适应新环境。迈尔论述道："弗耶斯坦（R.Feuerstein）认为，提升儿童的认知能力会产生滚雪球效应。随着认知能力增强，儿童能够学会更多乃至更复杂的认知方法和策略。"弗耶斯坦指出，学生越运用高阶思维技能，他们的高阶思维技能便越会得到提升。此前，保罗已经指出高阶思维与生活质量之间具有直接关系。

埃尔德（L.Elder）和保罗明确指出："思维是未来的核心，它不仅仅是西方社会未来的核心，还将是世界各地未来的核心。"（Elder，Paul，1994，p.34）他们指出，有三种趋势正在愈演愈烈：变化日新月异，复杂程度不断加深，不同群体的相互依赖性逐渐增强。从这两位学者的视角来看，只有擅长高阶思维的头脑，才能应对世界日渐升级的变化、复杂性和相互依存性，这一点宛如水晶一般清晰明确。

面向未来的高阶思维课堂

对面向未来的高阶思维课堂，教育工作者可以想象出怎样的画面？ 西尔维斯特（R. Sylwester）描述了这种设想：在课堂中，教师不是仅向学生灌输信息，更要注重引发学生的能力发展；教师帮助学生建立自己的思维框架，而不是让学生接受教师提供的现成框架。（Sylwester, 1995, p.23）西尔维斯特还指出："仅仅让学生置身于丰富刺激的环境是不够的，还必须让学生参与创造这个环境，并直接和这个环境交互。必须给学生充分的机会来讲出他们自己的故事，而不只是听教师讲故事。"（Sylwester, 1995, p.131）

我们都知道，教师对学生抱有什么样的期待，学生就会努力去达成什么样的期待，这一点教师也非常清楚。因此，西尔维斯特提出，教师不仅要为学生提供一个动态学习环境，而且要让学生参与塑造这种环境，让学生在其中积极地活动。他说，"项目学习、合作学习和档案袋评估等活动把学生放在教育过程的中心，从而促进学习的发生"（Sylwester，1995，p.132）。他还说："这样，教师和家长就成为引导者，参与塑造有启发性的社会环境，支持学生或独立或合作解决他们所面临的问题。"（Sylwester，1995，p.139）

如果教师有能力提出利于学生发挥高阶思维的问题，并创设复杂程度适当的问题让学生解决，那么辅以上段内容所述的社会环境，便能够营造利于高阶思维发展的氛围。正如西尔维斯特所说：

埃德尔曼描述的大脑模型宛如丛林生态系统，它内容丰富，层次多样，并不整齐划一、格局分明。这非常有吸引力，因为它表明，宛如丛林的大脑在宛如丛林的课堂里才能得到良好发展。这种课堂要包含与真实世界中的情境密切关联的大量感官、文化和问题层面的内容，因为，大脑神经网络的基因最适应这种环境，这种环境最能激发神经网络的发展。

（Sylwester，1995，p.23）

> 很多富有洞见的教师都渴望拥有一个内容丰富、复杂的课堂，以促进所有学生的感官、情感和思维发展。

普通教师可能会对"丛林式课堂"这个概念感到陌生，但很多富有洞见的教师都渴望拥有一个内容丰富、复杂的课堂，以促进所有学生的感官、情感和思维发展。这种"丛林式课堂"能让学生尚未开发的天赋和优势凸显出来，唤起每个学生更高层次的思考。

在面向未来的高阶思维课堂中，教师会有意识地教会学生从各种不同角度来思考学习内容。（Bellanca，Fogarty，1986，p.4）但现实中许多教师也面临着考核压力，要让学生考出更高的分数，以达到国家或地区课程标准要求。这导致我们的课堂常常被安排得满满的，几乎不能开展思维技能方面的教学。贝兰卡和福格蒂说："在改进教学、促进学生学得更快更好方面，我们已经取得了长足进展，包括我们已经知道如何向学生传授利于他们提高思考能力的思维工具。"

（Bellanca，Fogarty，1986，p.3）尽管教师们已经知道思维技能教学如何做，却还是不能在教学实践中有效落实。

此外，**让所有教师相信所有学生都能学会思考也尤为关键，教师们要在课堂上对学生传递出这种期待**。如果一名教师认为课堂上只有三分之一的学生能够思考，而不认为所有学生都能够展开某种程度的思考，那么他的教学方法就会有很大误差：

如果教师相信所有学生都能思考，都需要思考，那么他会把这种信念传递给学生。重视思考的教师会要求所有学生拓展自身的思维，让学生对所学知识进行解释、分析、转化、假设、预测、应用、综合和评价。他们期待学生去讨论、辩论，回答高水平问题，去证明、写作、"大声思考"，并带着批判性视角，发挥创造力，把教师、课本和同学们分享的观点联系起来。（Bellanca，Fogarty，1986，p.6）

> **从长远来看，努力培养学生的高阶思维必将产生回报。**

毋庸赘言，贝兰卡和福格蒂所描述的高阶思维不会在一夜之间变成现实。教授高阶思维技能需要付出时间和精力，这对于日程表已经排得满满的教师来说，似乎是难以承受的额外任务。但是，从长远来看，努力培养学生的高阶思维必将产生回报，甚至能够提高学生在标准化考试中的成绩。这其中最困难的一步，可能是教师们要改变观念，不再认为只有少数学生具备高阶思维能力，而是相信所有学生都能开展更高层次的思考。"高效能教师以相信所有学生都能学会批判性思维和创造性思维为出发点，所要做的额外工作其实不多，只不过是在教学工具箱中增加一些能促进高阶思维技能发展的方法。"（Bellanca，Fogarty，1986，p.6）

高阶思维技能的五大维度（5R）

1993 年，小威廉姆·E. 多尔（William E.

Doll，Jr.）在一篇名为《"后未来"课程的可能性》
（*Curriculum Possibilities in a "Post"-Future*）的文章
中提出，未来课程包含四个特质：丰富（richness）、
递归（recursion）、关联（relations）和严谨（rigor）。
福格蒂以多尔提出的框架为基础，对其加以修改，指
出高阶思维共有五个维度：相关（relevance）、丰富
（richness）、关联（relatedness）、严谨／专注（rigor）、
迁移／递归（recursiveness）（见图1）。这五个维度称
为"5R"，揭示了为什么每个学生都需要掌握高阶思
维技能。

图1 高阶思维的五大维度

高阶思维在生活中的应用

▼

大多数教育工作者知道，虽然高阶思维很抽象，但是学生在课堂上必须运用它。不仅如此，学生在生活中也离不开高阶思维。高阶思维技能不仅能帮助学生完成学业（有些学生对完成学业的态度是"完成学业又能怎么样？"），而且有助于学生过上更好的生活。当教师通过思考，把高阶思维技能和生活需求以及每个人的日常生活问题联系起来，学生就不会无视高阶思维对于人生的用处。**教师如果不挑明高阶思维与生活之间的关系，并加以突出强调，学生可能就无法理解他们为什么需要掌握高阶思维技能。**

因此，本书在讨论高阶思维五大维度的同时，也将探讨其相关的生活中的问题。当然了，本书中提及的这些问题并未详尽，不同的学生在不同的时间和处境下或许会面对各种不同的问题。

> **高阶思维技能不仅能帮助学生完成学业，而且有助于学生过上更好的生活。**

高阶思维的三个层次

▼

20世纪80年代后期，福格蒂和贝兰卡构建了他们称为"三层智力"（Three Story Intellect）的架构，并阐述了思维的三种层次（Fogarty，Bellanca，1991，p.89）。他们将这三个层次分别称为收集（gathering）、整理（processing）和应用（applying）。在第一层次的"收集"思维活动中，教师让学生去熟悉数据、信息和概念。在检查学生"收集"层面的完成程度时，教师可以在题干中使用诸如"描述、背诵、讲述、说出"这样的动词。在"整理"层次，教师鼓励学生消化（处理）数据、信息和概念，深入地理解所学材料。通常在这个层次，学生才逐步弄清楚所学材料的意义和内涵。在检查学生"整理"层面的理解程度时，教师可以在题干中使用诸如"比较和对比、解释原因、分析、分类、推断"之类的动词。在"应用"层次，教师向学生强调学习材料如何在日常生活中加以应用。在检查学生这一层面的理解程度时，教师可以在题干中使用诸如"想象、预测、创造、评价、设想"这类动词。

结合思维的三个层次划分方式，高阶思维也可分为三个层次，分别是：理解信息（understanding information）、概括洞察（generating insight）、发现应用（discerning implications）。我们不妨来深入地探究一下各个层次的高阶思维技能。

理解信息

理解信息是高阶思维的初级层次，它比福格蒂和贝兰卡的第一层次思维（收集）高一层。仅仅复述数据和信息，或者仅仅记忆和背诵，都并不是真正的高阶思维活动。因此，本书中强调的高阶思维并不涉及福格蒂和贝兰卡所说的第一层次思维（收集）。

只有当学生努力地消化（处理）数据和信息，理解信息的意义，进行比较和对比，并试图解释为什么，或把数据信息进行分类时，才进入高阶思维。高阶思维的这个层次（理解信息）对应着福格蒂和贝兰卡的第二思维层次，本书将其作为探讨高阶思维的起点。

概括洞察

比"理解信息"更深一步的高阶思维层次叫作"概括洞察"。具备了这一高阶思维，学习者在某个时刻就能充分地消化和领会信息，结合信息或数据得出自己的洞见。**当学习者能够结合数据和信息得出自己的见解时，表明他们已经真正理解了这些信息。**此外，学习者还可以结合他们的见解，来进一步阐发（利用）这些数据和信息。在这个思维层次，学习者也许会经历茅塞顿开的时刻，体验恍然大悟（"Aha！"）的感觉。

发现应用

最后一个层次是发现应用。当思维进展到这一阶段，数据和信息的现实意义会变得非常清晰。换句话说，在发现应用这个思维层次，学习者通过结合眼前的数据和信息展开行动，或进行创造，或做出预测，或形成判断，或给出评价。这与福格蒂和贝兰卡所说的第三层次（应用）尤为切近。一些教师认为，**直到这个阶段，学生才真正内化了所学数据和信息。**还有一些教师认为，**直到这个阶段，学生才开始体会到努力理解这些数据和信息的乐趣所在。**也是直到这个层次，所学数据和信息的重要意义（相关性）才真正凸显出来，学生才终于看到了所学内容与现实生活之间的联系。

下面的表 1 按照不同的维度和层次展示了 15 种高阶思维技能。这张表只是一个简单的概括，在后续章节中，我们会对各个维度和层次中的思维策略（或曰技能）进行详细介绍。

表 1 高阶思维技能矩阵

走向深度理解	相关—同时代性	丰富—复杂性	关联—联系性	严谨/专注—挑战性	迁移/递归—概念性
理解信息	比较/区别(信息的不同方面)	分类/整理/排序(信息)	建立联系(与先前知识)	解释为什么(从信息中找到意义)	分析(信息的主题及概念)
概括洞察	评价/判断(融入个人观点)	视觉化/想象(材料的表征)	强制建立关系(看到不寻常的联系)	推断(发现言外之意)	类比(发现概念关系)
发现应用	应用(至个人生活)	创造/创新/发明(迈向未知领域)	推广(至新的情境)	定序(辨别出下一步)/预测	迁移(至其他情境)

高阶思维教学策略与方法

▼

本书在后文中详细探讨这 15 种思维技能时，都强调了两个关键的教学方法。其中一种方法是提出不同类型的具体问题，帮助学生熟悉并发展特定的思维技能（见书中"**可用于发展思维技能的问题**"）。这些问题有助于引导学生认识和运用特定的思维技能。

另一种方法则是提供相应的图形组织器，使学生思维可视化，让学生看见如何运用特定的思维技能（见书中"**借助图形组织器展开高阶思维**"）。借助图形组织器，思维变得可视化，这样，教师就可以帮助那些不能立即理解某项思维技能的学生掌握相应的思维技能。教师如果擅长提出高阶思维问题，并善于运用图形组织器，便能够不断提高学生在课堂中应用高阶思维技能的水平。

许多学生发现，利用图形、表格来组织信息对理解和记忆颇有助益。图 2 所示的各种图形组织器特别有用，尤其对合作学习小组而言大有可为。此外，当教师希望强化学生的某项思维技能时，如比较、对比、分析或排序，便可以结合课程内容，使用与这些思维技能相关的图形组织器。本书列出了 15 项高阶思维技能，每项技能都至少提供了一种图形组织器。

关于本书

▼

各位读者朋友，你可以以任何你喜欢的方式来阅读这本书。你可以从这里开始一直读到最后，也可以翻到你特别感兴趣的部分仔细阅读。我们期待，不管你如何阅读这本书，都能把高阶思维更好地融入你的课堂，以应对 21 世纪的挑战和机遇。

本书会在每章探讨高阶思维技能的一个维度。每章开篇都和大家分享了一个简单的故事，点明本章探

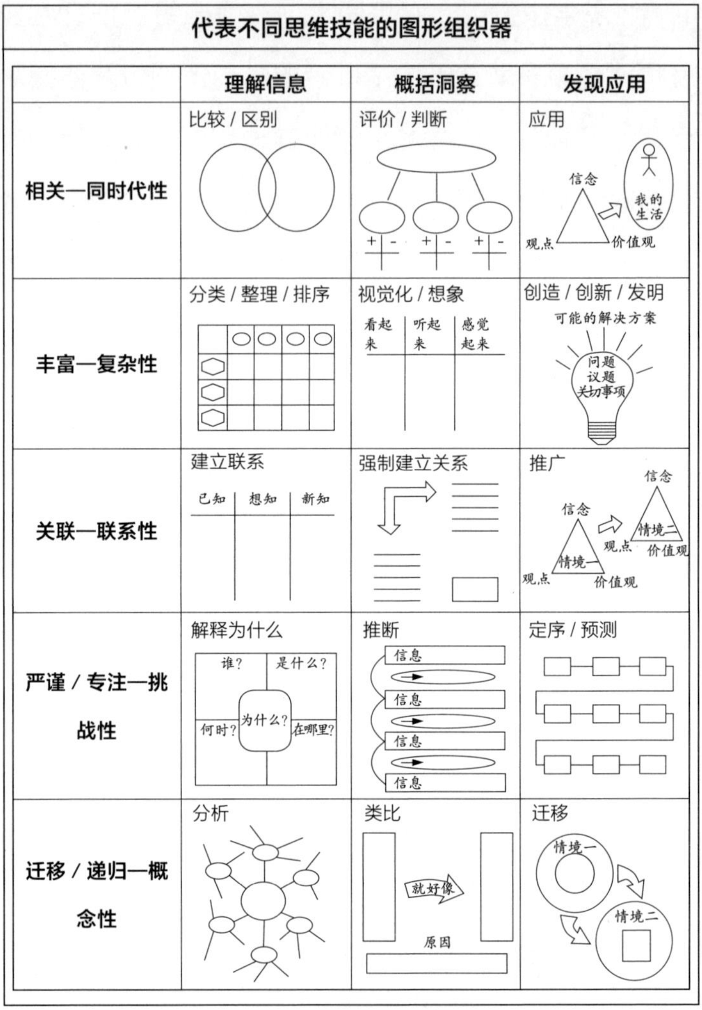
代表不同思维技能的图形组织器
理解信息
概括洞察
发现应用
相关—同时代性
比较 / 区别
评价 / 判断
应用
信念
我的生活
观点
价值观
丰富—复杂性
分类 / 整理 / 排序
视觉化 / 想象
看起来
听起来
感觉起来
创造 / 创新 / 发明
可能的解决方案
问题
议题
关切事项
关联—联系性
建立联系
已知
想知
新知
强制建立关系
推广
信念
情境一
观点
价值观
情境二
严谨 / 专注—挑战性
解释为什么
谁？
是什么？
为什么？
何时？
在哪里？
推断
信息
定序 / 预测
迁移 / 递归—概念性
分析
类比
就好像
原因
迁移
情境一
情境二

图 2　代表不同思维技能的图形组织器

讨什么思维技能，然后展开对技能的讨论，并提出生活中与此技能相关的问题。此外，各章还呈现了每一种思维技能在三个思维层次可以选择的教学策略。本书附录 A 提供了进行头脑风暴和高阶思维备课的方法与模板，附录 B 提供了本书所有图形组织器的空白模板，附录 C 提供了本书所有可用于发展高阶思维技能的问题示例。

【第一章】

门道一：建立相关性

一个周末，我去费城附近看望儿孙，我们三个在一起玩得很开心。周日去吃早午餐的路上，当时才 5 岁的孙子问我："爷爷，你为什么要走？"我回答说："我要和新泽西州的 25 位老师一起开会。"他很快回答说："那就让他们都到这儿来，这样你就可以留下了。"孩子的高阶思维让我感到惊奇。他明白我面对的情况，并想出了一个非常符合逻辑的解决方案——既考虑到我要和老师们一起开展工作，也考虑到了他想让我多陪他一会儿的愿望。他的高阶思维有一个突出特征，就是思维与自己的生活高度相关。换言之，相关性成为促进年仅 5 岁的孩子高阶思维发展的电火花。

走进相关性

教师如果要判断教学内容是否与学生的思维及生活相关（relevant），可以参照三条标准。

首先，教学的情境、材料或内容是否能与学生的情绪感受产生联系；其次，教学的情境、材料或内容是否能向学生表明它具有某些意义或重要性；最后，教学的情境、材料或内容是否能让学生进入"心流"状态（a state of flow）。（Csikszentmihalyi，1990）这三条标准，即情感、意义和心流，可以帮助教师确认学习内容是否与学生具有相关性（relevance）。如果具有相关性，那么学习内容就可能促进学生的高阶思维发展。

情感的作用

认知科学试图从不同角度来理解高阶思维。过去，认知科学的焦点集中于不牵涉情感的认知过程。（LeDoux，1996，p.25）许多哲学家和当代心理学家曾经非常努力，试图区分思维和情感，认为二者泾渭分明，分别属于人类大脑中的不同功能（LeDoux，1996，p.35）。然而，正如戈尔曼（D.Goleman）所述：

大脑中有许多高级中枢是从边缘区域产生或扩展而出的，因此情感区域在神经结构中扮演着重要角色。情感区域是大脑新生组织的源头，通过无数相互交织的回路，同大脑新皮层的各个部分产生联系。这样看来，情感中心拥有巨大的能量，能够影响大脑其他部分的功能——包括影响思维中枢的功能。（Goleman，1995，p.12）

> **情感是通向专注的途径，而专注是通往高阶思维的途径。**

戈尔曼清楚地指出，情感和思维之间有着千丝万缕的联系。因此，试图在学习过程中排除情感，让学习与学生产生切身相关性，将无异于缘木求鱼，难以激发更高层次的思考。

我们有理由认为，在学习环境中适当地融入情感因素可以提升学习者的高阶思维水平。西尔维斯特进一步发展了这一观点，他认为："情感对教育过程非常重要，因为情感驱动着注意力，而注意力又驱动着学习和记忆。"（Sylwester，1995，p.72）换句话说，情感可以成为通向专注的途径，而专注可以成为学习和记忆的途径。高阶思维也是一样的道理。情感是通向专注的途径，而专注是通往高阶思维的途径。"所有这些都指向一个简单的事实：**教师如果想让学生关注、掌握和运用什么知识，就必须把这些知识包裹在能够唤起情感的情境中。**"（Gardner，1999a，p.77）

此外，不仅情感对思维有重要作用，埃尔德和保罗指出，高阶思维也能够反过来改变情感，完成情感与思维相互作用的循环。他们陈述道："我们必须认识到，情感是思维的产物，只有通过思维，情感才能得到改变。"（Elder，Paul，1997，p.41）研究表明，学生的情感与其高阶思维有着深层联系，情感因素能使学生看到学习内容及材料与他们切身相关，从而进入高阶思维。

意义的重要性

凯恩夫妇指出："深层意义驱动着我们的行动，并赋予我们使命感。"（Caine，Caine，1997，p.111）相关性的另一个切入点是意义。如果学生不能从教学情境、材料或内容中看出任何意义，那么学生就没有动力展开思考。

> **当学生自己运用大脑，从教师发放或自己收集的材料中建构出意义时，学生的思维就得到了强化。**

凯恩夫妇还指出，人类大脑的构造方式决定了大脑善于"解读生活体验的意义"（Caine，Caine，1997，p.118）。教师越帮助学生发动大脑以发现模式、发掘意义，就越能促使学生觉察到学习情境、材料和内容与生活的相关性。凯恩夫妇阐述了大脑学习的若干原则，并通过其中两条原则来说明意义的重要性："**原则 3——建构意义是大脑的天然倾向。原则 4——人类通过'建立模式'来建构意义。**"（Caine，Caine，1997，p.19）

他们提出，大脑是一个建构意义的器官，建构意义是大脑的一项任务。当学生自己运用大脑，从教师发放或自己收集的材料中建构出意义时，学生的思维就得到了强化。当学生在思考和记忆中加入个体意义感时，思考和记忆便会得到强化。（Sylwester，1995，p.96）凯恩夫妇注意到，如果学习材料对学生来说是"活"的，它们就成为动态知识。"当我们建构自己的意义时，我们收获的便是动态知识。"（Caine，

Caine，1997，p.114）因此，意义对于学生发现学习与生活的相关性至关重要。也就是说，意义也是通往高阶思维的一条途径。

心流的作用

美国积极心理学家契克森米哈赖（M. Csikszentmi-halyi）提出了"心流"（flow）这个概念[①]，用于描述人们在学习、从事某项工作或爱好活动时的愉悦参与状态。"当学习者体验到'心流'时，就好像抵达了创造性的绿洲（creative oasis），即使任务很复杂，也会感到非常享受，而不会感到沮丧、疲劳或徒劳无功。事实上，人们在'心流'状态中运用技能的时候，有强烈的享受和喜悦感。"（Fogarty，1997，p.131）**当人处于"心流"状态，就会产生进一步学习的热情或锻炼某项技能的积极性。学习者能够沉浸在吸引他们的内容材料中，没有什么能够阻止他们。在这个时刻，思维和情感合而为一。**

戈尔曼陈述道："能够进入'心流'状态，就达

①　"心流"（flow）的译法，参照《心流：最优体验心理学》一书，中信出版社 2018 年出版。——译者注

到了情商的最佳状态；'心流'状态或许可以为我们展现出情感如何为掌握技能或学习注入强大的力量。在'心流'状态中，情感不是简单地处于受控、受引导的状态，而是积极向上、充满活力，有助于人们完成手头的任务。"（Goleman，1995，p.90）对教师而言，他们常常遇到的棘手任务是，要给学生提供一个具有适度挑战性的任务，以让学生进入"心流"状态。"如果一项任务太简单，学生就会感到厌烦；而如果挑战太大，结果就是学生感到焦虑，而不是'心流'。"（Goleman，1995，p.93）

凯恩夫妇阐述了一条学习原则，即："在复杂的学习过程中，适度的挑战有利于学习进展，而过度挑战会成为威胁，不利于学习。"（Caine，Caine，1997，p.19）学生的情绪状态直接关系他们能否进入"心流"状态，而真正的"心流"则包含情感和意义二者的最佳融合。换句话说，**当某个知识领域既调动了学生的情感投入，又向学生揭示出许多深刻意义，那么这个学生就有可能进入"心流"状态，进行深度思考的学习**。图 1.1 显示了情感和意义的结合，这为教育工作者提供了一些线索，探讨教学内容与学生切身的相关性如何成为打开学生高阶思维的一扇大门。

图 1.1　创造情感和意义相结合的"心流"

生活中涉及相关性的问题

▼

相关性这个概念给学生提出了一个人生问题：我如何才能理解真正的自己？

当学习让学生直接面对"何为真我"这个人生问题时，学生就有可能进入高阶思维。如果学生看不到高阶思维如何帮助他们理解自我，他们就没有动力去推自己一把，进入高阶思维。这带给教育工作者的启示是，我们不仅要具备特定学科的专业教学能力，而且要深刻了解学生的生活状况及复杂性。

理解信息——比较／区别

▼

策略描述

比较和区别（comparing and contrasting）是两种有助于学生理解信息之间关系的思维技能。新信息与已知信息之间有什么联系？新信息与学生以前的想法或学过的内容有什么不同？具体来说，比较和区别是指辨别已知事物和新事物的特征，并识别它们之间相同点与不同点的技能。正是这两项思维技能，让我们在阅读时能够看到文学作品中的人物与我们自身在性格及面对的困扰之间可能有什么关系，或者帮助选民决定把选票投给某位候选人。

> **比较和区别是两种有助于学生理解信息之间关系的思维技能。**

这种能力不仅对学校学习至关重要，对生活也极其重要。比如说，一个人走在大街上，注意到前面有一群人正聚集在一起。他根据以往所知做出区别和判断：无害的和平聚集有什么表现？危险的聚集有什么迹象？相较而言，眼前的聚集有什么特点？该行人的高阶思维是否精确，决定了他是直接加入聚集人群，还是穿到街道对面来避开这群人。在某些情况下，比较和区别的思维技能是否完善，决定了一个人将会经历安全还是危险，遭遇死亡还是成功逃生。

与相关性的联系

在实际生活中，学生经常进行着比较和区别。许多学生之所以辍学，原因之一就是他们通过比较和区别，发现学校教学和日常生活之间严重脱节。如果学生认为学校教学与日常生活无关，就会忽略或丢弃学校传授的信息。这启发我们，教师在教学中要注意思考，如何让学生通过比较和区别发现学习材料与日常生活之间蕴含的深层关联。

教学提示

通常来说，概念和主题能帮助学生把学习内容、信息或故事与实际生活联系起来。莎士比亚创作的故事揭示出每个人生活中都会面对的可能性。若过度纠缠于古典英语的表述，费力背诵哪件事先发生哪件事后发生，因记不住多如繁星的人物名字而感到压力，就会阻碍学生学习，使学生难以看到学习材料中的真正相关性所在。因此，我们可以使用比较和区别的技能，找出学生当前正在经历的概念、困扰和主题，为学生理解学习内容、汲取知识的力量打开门路。

可用于发展思维技能的问题

比较和区别是学生基本的思维技能。为了帮助学生发现不同事物间的联系和差异，教师可以尝试在教学中提出下列类型的问题：

- 这两个人有什么相似之处和不同之处？
- 小说中的这个角色和你有什么相似之处？又有

什么不同之处？

- 你与这位历史人物有什么相似之处和不同之处？

- 昨天发生在某地的事件，与我们这次学习的历史事件有什么共性？

- 这段信息与你上周学习的内容有什么联系？有什么差别？

- 你的做法与这位历史人物的做法有什么异同？

- 你已经读完了这两本小说（两篇故事），为什么你觉得其中一个故事比另一个故事更贴近生活？

借助图形组织器展开高阶思维

最常用于进行比较和区别的图形组织器是维恩图——两个交叠在一起的圆（图 1.2）。在一个圆圈中列出第一项事物的特征，在另一个圆圈中列出第二项事物的特征，在两个圆圈的重叠部分列出两项事物的共同特征。

图 1.2　通过维恩图进行比较和区别的实例

一些教师在运用比较和区别时，创建了 Y 图（图 1.3），在 Y 图上方列出两项的不同特征，Y 图下方列出两项的共同特征。

比较/区别—Y 图

比尔·克林顿	小布什
•获罗德奖学金	•商人
•当过律师	•曾任得克萨斯州州长
•曾任阿肯色州州长	•克林顿继任者
•老布什继任者	•执政期间面临恐怖主义危机
•支持环保	•是一名不认真的学生
•执政期间遭遇得克萨斯州韦科惨案	•妻子是劳拉
•任期内发生俄克拉荷马城爆炸案	•提出减税计划
•重视经济	•反对环保
•被弹劾	•支持企业发展
•性丑闻	
•削减赤字	

曾任美国南部州长
"婴儿潮"一代①
都有两个女儿
公众支持率上涨

你认同哪一位?

图 1.3 通过 Y 图进行比较和区别的实例

———————

① 在美国指"二战"结束后，1946 年初至 1964 年底出生的人，人数大约有 7800 万，这批人赶上了 20 世纪 70 年代至 90 年代美国的经济繁荣。——译者注

概括洞察——评价／判断

▼

策略描述

评价和判断（evaluating and judging）这两种思维技能可以帮助学生判断信息间的相关程度。在评价和判断过程中，学生依据自己的视角和价值观来看待他们正在研究的数据和信息。在理解信息的基本含义，并结合自己的思想、相关背景和价值观加以审视之后，学生便可得出个体的见解。当学生做出个人决策或判断时，头脑和心灵会展开一段内容丰富的对话，经历一个权衡的过程。换言之，在这个过程中，学生并不是从字面意思来看待信息和数据，而是从整体、字里行间、上下语境来全面地审视它们，**不仅把它们与已知信息联系起来，更将其同现行原则、价值观、个人思想和观点进行参照。**

与相关性的联系

仅仅理解信息还不足以确定信息之间的相关性。学生需要具备评价和判断的思维技能，才能真正地确定所学内容对自己是否具有个人意义。这要求学生同学习内容进行"亲密接触"，把自己的观点、关切和期待糅进学习内容，直到不仅理解了学习内容，更是把握住学习内容对自己人生的重要性和意义。

教学提示

无论学生处于哪个年龄段，教师都不能想当然地认为他们来到课堂的时候都已经具备了完善的思维技能。因此，教师需要在教学中非常直接、明确地教授思维技能。教学时，可以将评价和判断的思维过程进行分解，为学生创建一个路线图，让学生能够成功地进行评价和判断。

> 教师需要在教学中非常直接、明确地教授思维技能。

可用于发展思维技能的问题

不管得当与否，学生总是在开展评价与判断活动。为了帮助学生掌握正确且实用的评价、判断方法，以对有关事物、人物和情境做出评判，教师可以考虑向学生提出下列类型的问题：

- 哪种选择对你更有意义？为什么？

- 用哪种方法解决这个问题最合乎道德伦理？为什么？

- 为了解决这个问题，我们应该秉承哪些相关的价值观？

- 做 A 行动或 B 行动的结果分别是什么？

- 这段内容揭示了哪些相关观点？

- 你在做判断的时候参照了什么标准？

借助图形组织器展开高阶思维

评价和判断涉及在不同选项中做出选择，或是弄清楚某件事物的优劣势。图 1.4 所示的图形组织器可以帮助学生仔细考察某个话题或情境，清楚地看到积极和消极方面，判断两个或多个选项各自的优劣势。所有选项上方的椭圆用来填写评价和判断的思考结论，也可以是撷取各个不同选项的有利因素加以组合。

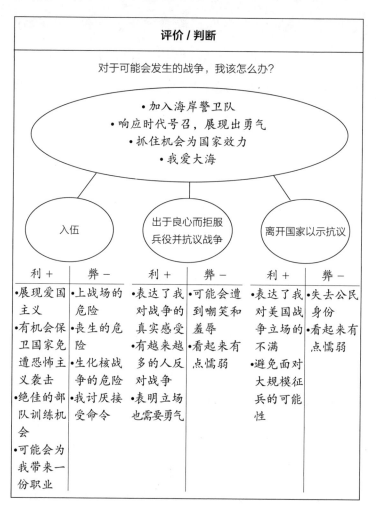

图 1.4　通过图形组织器进行评价和判断的实例

除了图 1.4 中的图形组织器，教师还可以把评价及判断的思维过程可视化，即把学生在日常生活中进行个人评价或判断活动时所采取的思维步骤分解开来，并把这些步骤投放到投影上或是贴到墙壁上，让学生清晰地看到。

发现应用——应用于生活

策略描述

当学生充分理解信息，并根据信息产生个人见解后，就可以尝试将这些信息应用到生活中（applying）。学生要应用信息，就要能够撷取相关的概念、信念、观点和价值观，并把它们和日常生活联系起来，而这就要求学生能够审视自己的生活。换句话说，学生既要能够退后一步来审视学习材料和信息，看看什么是有价值的；也要退后一步看待日常生活，这样才能看出信息的应用途径。为了做到这一点，学生需要在一定程度上了解他们的目标是什么，并知道需要做什么才能达到目标。如果总是疲于应付眼前任务，就可能很难做到这一点。

综上所述，**能够从信息中撷取信念、观点和价值观，只达到应用信息所需的一半条件；另一半条件是能够分析和把握自己的生活。**可以说，如果学生不能将信息与自身生活联系起来，就像是教师只找到了插头，却没有插座。

与相关性的联系

应用技能是一项关键技能。有了应用，学习内容才能真正地对学生的日常生活发挥作用。如果没有应用，学习材料可能比较有趣、好玩，但并不一定和学生自身有相关性。许多教师发现，如果学生不去应用知识，那么知识就不会变成学生内在的一部分。还有一些教师观察到，学生只有在应用知识的时候方能体验到学习的乐趣。学而不用，学习就无法对学生产生真实的影响。

> **学而不用，学习就无法对学生产生真实的影响。**

教学提示

应用是最难进行实际运用的思维技能之一。学生往往看不到学习材料与生活之间的联系，因此，教师需要将应用的步骤分解呈现出来，帮助学生一步一步地应用，再逐步实现全面应用。在这个过程中，教师需要鼓励学生说出他们持有什么视角、秉承什么原则、抱有什么深层信念，这样，学生才能发现生活中有什么问题可以应用他们从学习材料中获得的相关信念、价值观和观点加以解决。在应用过程中，有些学生可能需要教师一对一的帮助，有些学生能够独立自省，还有些学生能够通过小组讨论来发现应用途径。

可用于发展思维技能的问题

应用类问题能够帮助学生将学校学习内容与生活联系起来。以下这些问题能够促进学生应用技能的发展：

- 你什么时候在生活中遇到过同样的问题？
- 你曾什么时候失去过心爱的东西？
- 你可能会怎样把这一点应用于课堂以外的场合？
- 这种情况带来了什么样的机遇和挑战？

- 这种方式是否对你目前处理事情的方式提出了挑战或疑问？体现在什么地方？
- 这则信息在启发你思考什么新的方向？

借助图形组织器展开高阶思维

图 1.5 所示的图形组织器尤其利于帮助学生将所学内容应用于个人生活。学生审视所学内容，抽取其中包含的信念、价值观和观点，并努力寻找它们与个人生活之间的关联。**教师要帮助学生应用所学内容，一个办法是让学生明确他们自己有哪些个人信念，重视什么价值观，持有什么观点，有哪些生活中的问题。**许多时候，学生之所以看不到学习和生活之间的相关性，是因为学生不清楚自己的处境，也不清楚他们自己有什么个人目标。

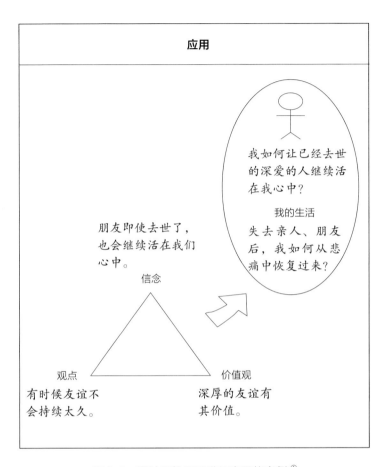

图 1.5 通过思维导图进行应用的实例①

————————

① 三角形部分内容来自文学作品中的例子。在"相关性"中，我们强调所学内容与个体的情感和真实生活具有切身联系。通过文学作品中的例子，思考我们自己的人生。——译者注

第二章

门道二：发展丰富性

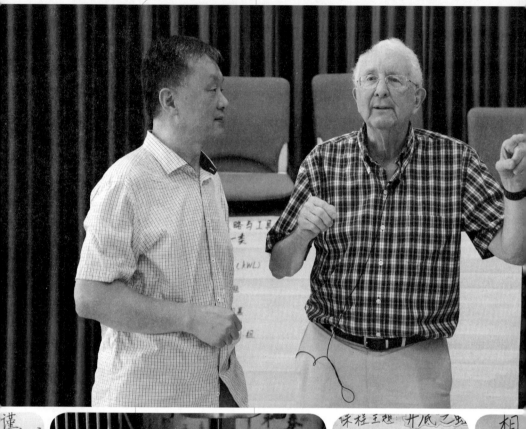

我在美国东海岸完成了高中和大学的学习。当时，我那些同学和朋友来自不同的背景：天主教徒、新教徒、犹太教徒，亚裔、西班牙裔和非裔美国人等。大学毕业后，我在日本冲绳岛的一所大专教书，整日沉浸在不同的文化、不同的语言和各种不同的宗教观念中。我很享受有机会体验这种差异性。

　　回到美国后，我进入中西部某校的研究生院就读。每当我兴致勃勃地谈论我的海外经历时，人们总是对我说："如果你这么喜欢那里，为什么不赶紧回去呢？"

　　让我感到激动不已、发人深省的经历，在我研究生院的同学和朋友看来却似乎冒犯和贬低了他们。时至今日，我仍然感激丰富的阅历拓宽了我的高阶思维。也许，正是这种阅历使得我在多年之后从韩国收养了一对兄妹，并视同己出。

走进丰富性

　　当我们说丰富性（richness）是高阶思维的一个维度，这意味着什么？当我们说高阶思维赋予人一种特殊的丰富性，这又是什么意思？首先，丰富性意味着多样性、多种视角，以及宽广的范围。其次，加德纳曾用三个字来形容丰富性的另一个侧面：真、美、善，丰富性引领我们进入广阔的艺术领域。最后，丰富性指向品格、道德和价值观。学生若拥有"丰富性"这一高阶思维品格，就将体会到思路广阔、丰盈满溢，像是在享用满汉全席，而非拘囿于低阶思维，像是吃三明治一类的快餐一样。换句话来说，**高阶思维对帮助个体体验到生活的丰富性非常重要。**

多元化的财富

世界正在从大同小异转变为丰富多元，生活在这样一个世界中其实并不轻松。如今，许多学校都在积极应对这种转变。"我们现在生活在地球村，变化应接不暇，我们与成千上万的人联系在一起。我们拥有的经验越多，接触的媒体越多，交往互动的人越多，就有越大的可能性发现多元的差异。多元化是千禧年的秩序。"（Gardner，1999b，p.217）

在学校，教师越是鼓励学生进行多元思考，并看见学校内部本来就存在的多元背景，就越能帮助学生应对真实的世界。教师尊重学校现有的多元背景，就是在促进学生练习运用高阶思维。加德纳对未来的期盼带有多元化的个性色彩，充满动态感："我设想，未来的世界公民将具备这些素质——他们受过良好的教育，自律，能够开展批判性、创造性的思考，熟知多种不同文化，能够参与探索新发现和新选择，并愿意为秉承世界公民的信念而承担风险。"（Gardner，1999b，p.25）

很明显，丰富性的一个重要意义，在于教师能更多地看见课堂中学生的多元化特点。当教育工作者真正地认识到，教育不能像"均码衣服适合所有身材"（one size does not fit all）那样，就会意识到自己需要大幅调整教学的内容、方法，并转变教学观念（Gardner，1999a，p.91）。当下，教师是否利用多种教学策略展开教学，以适应学生的不同学习偏好？教师是否鼓励学生通过多种不同方式来展示对知识的真正掌握，而不是死记硬背、鹦鹉学舌？（Gardner，1999a，p.178）当课堂中学生的多元化特性得到恰当的重视，不同学生之间便能激发彼此的思考，令每个学生的思维变得清晰，并实现转化。

> 当课堂中学生的多元化特性得到恰当的重视，不同学生之间便能激发彼此的思考。

真、美、善的力量

从某些方面来讲，由于多元化、全球化愈演愈烈，教育不再那么关心到底什么才是真、美、善。这个时代已经面临足够多的挑战和困惑，因此社会要求教育界避开这些容易引起争议的领域。然而，加德纳坚持认为"教育必须继续直面真（假）、美（丑）和善（恶），充分意识到这些维度的问题层面，以及不同文化和亚文化对于这些问题看法的分歧"。

加德纳的断言直指为什么多元性属于高阶思维技能的一个方面。对于重要的人生问题、社会焦点，教育工作者应该善于提问，促使学生探索发现自己的答案，而不是提供因循守旧的所谓正确答案。**教师需要帮助学生锻炼他们的高阶思维能力，让学生自己去探索在围绕"真、美、善"做出不同的抉择后会有怎样不同的结果。**假如教育不能引导学生探讨何为"真、美、善"，就将造成社会文化的贫乏，缺乏关于"真、美、善"的深厚观念。直言不讳地说："任何文化如果做不到传承它所选择的真相、美好以及良善的行为方式，就将不复存续。"由于这个原因，学校开展艺术教育是必行之举。一个人正是通过参与音乐、戏剧和雕塑等活动，得以有机会体察并抉择何为真、美、善。

> **对于重要的人生问题、社会焦点，教育工作者应该善于提问，促使学生探索发现自己的答案。**

品格、道德和价值观的深度

丰富性的第三个方面表现在品格、道德和价值观。一个人需要运用高阶思维，才能建立稳固的品格、道德和价值观。要培养学生的品格和价值观，不能只是让学生读书或背诵伦理道德准则。在 21 世纪，不管男性还是女性，都面临着远超以往的复杂难题。正如加德纳所说："我们应该把文化素养、技能、学科知识作为工具来掌握，以深化我们对重要问题或议题的理解。"（Gardner，1999a，p.159）既然学生迟早都要面对这些重要问题，那么学校就可以成为学生探讨此类争议问题的安全演练场，提高学生以批判性视角审视这些问题的能力。如果不强化学生的高阶思维，那么学生就没有工具来发现需要经过妥善思考得出的方案，也没有动力锻炼自己的道德品格。对此，加德纳再次阐明道：

新世纪给人们带来的任务不仅仅是锻炼我们的各种智力并正确使用它们，我们必须清楚人的智力和道德如何形成合力，创造出一个各类人群都能安居乐业的世界……。人的智力是宝贵的，但正如爱默生的名言所说，"品格比智力更加重要"。这一见解不仅适用于个人，也适用于整个社会。（Gardner，1999b，p.4）

生活中涉及丰富性的问题

▼

要让思维具有丰富性的特质，我们可以提出这样一些与生活有关的问题：

- 我的人生如何才有价值？

- 我的人生如何才能变得充实？

- 我的人生如何能给他人带来积极的影响？

- 我所做的一切能如何提高我的生活质量？

虽然这些问题蕴含着深远的意义，但是处于青春期的学生们却难以做出回答，他们往往被当下的困境和激情所左右。然而，不管是学生还是成年人，一旦忽略这些问题，就有可能误入歧途，以暴力解决面对的困境，或做出毁灭性的行动。教育工作者如果能找到有效的途径，与学生探讨这些内涵丰富的问题，便有利于发展学生的高阶思维。

理解信息——分类／整理／排序

策略描述

学生可以运用分类、整理和排序技能（classifying, sorting, and ranking）来处理信息，组织信息，进行分类，判断信息的优先级，以理解信息本身及信息传达的含义。分类指把信息组织成若干个集群，并给这些集群命名。整理指把眼前的信息同其他相关信息进行聚集。排序指判断信息或信息集群的优先级，比如这个最重要，那个比较重要，而其他的都不重要。分

类、整理和排序都是用来理解眼前信息的方法。

与丰富性的联系

学生通过对所学材料进行分类、整理和排序，能够看到学习内容的全貌，因为它向学生展示出了广阔的图景。学生看到广阔的图景后，便能体察学习内容的丰富性内涵，而这有助于学生自己提出关于学习内容具有什么价值的问题。事实上，分类、整理和排序能够帮助学生展开思考，理解所学内容的深度和广度。通过运用这三种思维技能，学生能够结合学习材料提出自己的问题。

教学提示

人类的大脑很难记住一堆互不相干的信息，因为一堆互不相干的信息看起来没必要记住。花费一些时间来对所学知识进行分类、整理和排序，其实就是探索所学知识价值和意义的过程，而这为学习和记忆创造了良好条件。因此，教师必须引导学生充分运用这三种思维技能，以汲取学习材料的丰富内涵。

可用于发展思维技能的问题

要锻炼学生的分类能力，可以让学生对一些材料进行分群、分组，并对分出的类别命名。以下这些问题有助于学生完成分类、整理和排序任务：

- 这些事件或信息可以分为五个或六个类别吗？如何分？

- 你会给这几个不同的类别分别取什么名字？

- 你如何进行分类，以保证每个类别具有各自的独特性？

- 哪些类别（集群、小组）之间具有某种联系？

- 关于这个议题，按照影响程度或重要性大小，你可以对这些不同的类别进行怎样的排序？

借助图形组织器展开高阶思维

矩阵（图 2.1）是对材料进行分类和整理的最有力工具。当一列中出现了两个或三个数据时，就可以拟一个标题。随着出现的数据越来越多，则可以调整标题，使之更加明确和清晰。我们也可以在不同类别之间寻找共性，创建一个二维矩阵，让每一行与每一列内容都形成一个类别。当所有信息自然而然地形成二维矩阵时，就更加显示出矩阵这个思维工具的强大性。矩阵完成后，它会揭示出信息之间的内在关系，这有助于促进学生的学习和记忆。矩阵还能够展现出学习材料的丰富多元，有助于激发学生的学习兴趣。

在要求学生独立或以小组形式创建矩阵之前，需要在全班学生面前多次演示如何创建矩阵，这对学生很有帮助。事实上，教师也可以列出一些简单的步骤，引导学生自己创建矩阵。在学生独立或小组合作创建矩阵的过程中，教师需要密切关注学生的进展情况，以了解学生对学习材料的理解程度。如果学生对学习内容的分类方式很有创意，那么这通常表明学生采取了不同寻常的思路。

分类 / 整理 / 排序				
	西部	中西部	南部	东北部
地理	•山地 •沙漠 •太平洋海岸	•五大湖 •平原	•大西洋海岸 •海湾 •密西西比三角洲	•大西洋海岸 •阿巴拉契亚山脉
经济	•科技 •林业 •渔业	•农业 •工业 •汽车行业	•水果和坚果 •种植业 •旅游业	•技术 •旧工业 •渔业
因何著名	•国家公园 •好莱坞 •大峡谷	•芝加哥 •林肯的故乡 •产粮区	•飓风 •龙卷风 •南部花园 •南部联盟的历史	•早期殖民地和美国国家历史 •纽约金融中心 •华盛顿

图 2.1　通过矩阵进行分类、整理和排序的实例

　　要将信息或概念进行排序，"排序阶梯"也很有帮助（见图 2.2）。学生在阶梯的最上层写下最重要的条目，在下一层写下第二重要的条目，以此类推，直到写完所有条目。在展示排序阶梯时，学生可以加上排序依据了哪些价值观和标准。

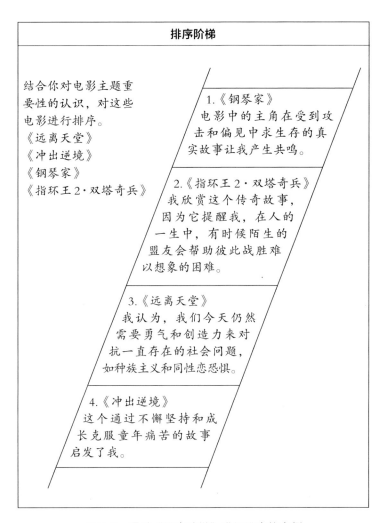

排序阶梯

结合你对电影主题重要性的认识，对这些电影进行排序。
《远离天堂》
《冲出逆境》
《钢琴家》
《指环王2·双塔奇兵》

1.《钢琴家》
电影中的主角在受到攻击和偏见中求生存的真实故事让我产生共鸣。

2.《指环王2·双塔奇兵》
我欣赏这个传奇故事，因为它提醒我，在人的一生中，有时候陌生的盟友会帮助彼此战胜难以想象的困难。

3.《远离天堂》
我认为，我们今天仍然需要勇气和创造力来对抗一直存在的社会问题，如种族主义和同性恋恐惧。

4.《冲出逆境》
这个通过不懈坚持和成长克服童年痛苦的故事启发了我。

图2.2 通过"排序阶梯"进行排序的实例

概括洞察——视觉化／想象

▼

策略描述

视觉化（visualizing）即一个人在头脑中真实地看见被描述事物的能力，想象（imagining）指一个人在头脑中创造出全新的事物的能力。视觉化和想象两种思维技能，都涉及在头脑中产生具体真实的画面。这些画面生动地出现在人的头脑中，但人们在此前的生活中并未亲眼见到过这些画面。

不管是新学习了某个概念，还是刚朗读了一段描述性的话，视觉化者都能在自己的头脑中清晰地看到相关画面。而想象者在绘制头脑中画面时，可能会用一些已经存在的元素，但最终完成的画面是全新的。通过在头脑中绘制画面，我们就能够吸收和处理字面信息，并将其转化为视觉信息，或者按照全新的方式

▲

将信息拼接组合。当学生会用这种新的方式组合信息，表明他们已经能从给定的信息中概括出自己的观点。

与丰富性的联系

视觉化和想象的思维技能属于概括洞察层面，它们能够将词语和抽象概念转化为具体画面，展示出其中的丰富内涵。这使思维不拘囿在已知范围，而是更进一步，产生全新的图景，创造出丰富的延伸意义。

这个层次的思维交互把丰富而复杂的理念转变成实际、真实、可视的形象。在开展视觉化和想象之前，概念的丰富内涵看起来极为抽象和不可捉摸，而这两种思维技能可以揭示出概念蕴含的丰富特质。人们一旦看到视觉化和想象思维技能的作用，通常都会受到激励和鼓舞，并借用这两种思维技能完成他们之前认为自己做不到的壮举。

> 视觉化和想象的思维技能能够将词语和抽象概念转化为具体画面，展示出其中的丰富内涵。

教学提示

对某些学生来说，掌握视觉化和想象的思维技能极其困难。然而，鼓励学生练习这两种思维技能大有裨益，能有力促进真正的学习。教师可以尝试让擅长进行视觉化与想象的学生同不太擅长的学生组成一个小组，以提升所有学生的视觉化思维技能。教师还可以在教室中布置大量包含视觉刺激的材料，鼓励学生开展视觉化思维和想象。这两种思维技能让学习内容变得鲜活起来，深化学生的高阶思维过程。

可用于发展思维技能的问题

为了鼓励学生发展视觉化与想象的思维技能，教师可以提出一些问题或给出一些相关思维提示。以下一些问题和提示语有助于培养学生的视觉化和想象技能：

- 如果当初故事中的人物选择了另一条路，后来会发生什么？
- （故事进行到一半）基于目前的情节发展，请创作出结局。
- 画一幅画，来表达正义、自由或多样性。

- 如果南部联盟赢得了美国内战，美国人的生活会有什么不同？

- 想象一下，戈尔① 会如何回应"9·11"事件？

- 畅想一下，10 年以后你的生活会是什么样子？

借助图形组织器展开高阶思维

双 T 图（图 2.3）图形组织器能很好地锻炼视觉化和想象思维技能。它包含三栏，分别是"看起来""听起来"和"感觉起来"。换言之，就是先拿出一个抽象的概念，比如美国殖民地时期，然后提问学生："它看起来是什么样子？听起来是什么样子？感觉起来怎么样？"再举一个例子："奴隶制看起来怎么样？听起来怎么样？感觉起来怎么样？"再或者："团队合作看起来怎么样？听起来怎么样？感觉起来怎么样？"一些教师使用双 T 图来教授社交技能，还有一些教师使用双 T 图来帮助视觉型学习者和听觉型学习者进行学习。

---

① 艾伯特·戈尔（A. Gore），美国政治家，1993—2001 年担任美国副总统。——译者注

视觉化 / 想象		
殖民地历史时期		
看起来	听起来	感觉起来
•殖民时期风格 •服饰特点 •建筑物特点 •母亲教孩子们ABC（知识） •男人工作以获取食物或现金	•劈柴 •建造房子 •周日做礼拜 •对与英法两国的关系不满	•脱离了欧洲的迫害 •每天面对生存挑战

图 2.3 通过双 T 图进行视觉化 ／ 想象的实例

发现应用——创造 / 创新 / 发明

策略描述

创造、创新和发明思维技能（creating, innovating, and inventing）是学生在掌握丰富材料后产出新事物时表现出的能力。创造思维技能尤其适用于艺术领

70

域。例如，在学习了关于形式、透视、黏土、纹理等方面的知识后，学生可以尝试创造出独特的雕塑。在学习了词法、句法、创作技法后，学生也能试着写出一个原创故事。在学习了音乐理论、乐器演奏，分析了不同作曲家的作品后，让学生原创一个音乐作品也变得有可能。

创新源于发现了某个特定的需要，并通过某种方式运用工具来满足这个需要。

当惯常的解决方案不再奏效时，发明就有了用武之地。当人们由于缺乏原材料而使生产进程受阻，或旧流程不再通畅的时候，便需要发明新的产品或新的流程。

只有擅长应对复杂性和内容多元化的大脑，才能发挥出这三种思维技能。反过来，它们又不断促进大脑延伸和拓展自我，踏进全新的领域中。

与丰富性的联系

创造、创新和发明是将许多信息、概念和方法混合组织起来，直到出现新的事物。从某些方面来说，它们类似于解决问题的技能。"思维汤"（thinking soup）的成分越复杂，从中产生新事物的可能性就越大。一个人越擅长处理多元化的观点和想法，就越有可能给出创新的解决方案。创造、创新和发明能够扩充思维的边界和体验范围，使其具有更加丰富的内涵。

> **一个人越擅长处理多元化的观点和想法，就越有可能给出创新的解决方案。**

教学提示

为了培养学生的创新思维和发明思维，教师需要记住，**不同的大脑有不同的运作方式**。例如，有的学生喜欢用特定类型的音乐来激发思维，有的学生喜欢通过运动来发动大脑，还有的学生喜欢在动手创作之前先和别人沟通思路。学生的某些行为（如听音乐、运动）看似与完成当下任务无关，实际上却能够增强他们的创造力。因此，帮助学生了解什么行为能够促进他们的创造性思维，能够助力学生产出意想不到的优秀作品。

可用于发展思维技能的问题

要启发学生进行创造、创新和发明，教师有时需要提出比喻式的问题。这是因为比喻让大脑在不同事物中发现共性，从而建立一种全新的联系。那些能鼓励学生"跳出条框"进行思考的问题最好不过。以下这些问题有助于学生开展创造、创新、发明：

- 如果你只有 x、y、z，如何创造出 a、b、c？
- 除了依靠进口石油，或在国内保护区开采石油，还有什么办法可以解决能源危机？
- 你可以用什么比喻来向别人解释这个概念？
- 得到这个结果还有哪些其他的方法？
- 这个问题有哪六种可能的解决办法？
- 按照这五个标准或参数，你能设计出哪三种住宅方案？

借助图形组织器展开高阶思维

灯泡图形组织器（图 2.4）有利于学生找出各种可能的解决方案，并从中选出最具创新性或最有帮助的解决方案。在灯泡中间，写下问题、议题或关切事项。然后，在灯泡外面的辐条上写下可能的解决方案或方法。在这一头脑风暴的过程中，没有必要批判或剔除任何想法。之后，我们可以回过头选出最佳的解决方案，或者对其中某些方案进行拆分组合，以创建最佳的解决方案。

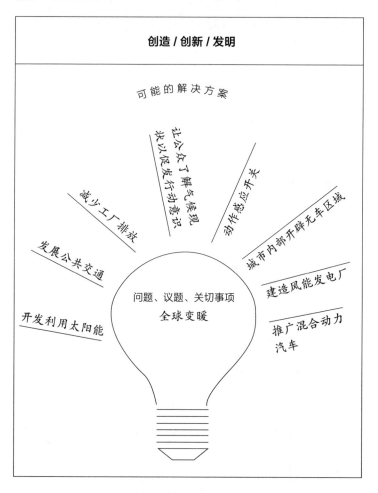

图 2.4　通过灯泡图进行创造／创新／发明的实例

［第三章］

门道三：提高关联性

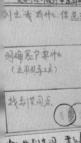

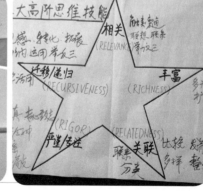

前些年，我几次前往新加坡开展工作，注意到当地一些举措富有成效。新加坡人的种族背景相当多元，有华人、印度人、马来西亚人和西方人，他们已学会在这个人口密集的现代城邦国家和平共存。当然，有时不可避免地会发生一些冲突，然而，总的来说，新加坡已经基本上找到了能让各色人群一同生活和工作的秘诀，这一点令人赞叹。

他们采取的一个简单做法是，确保每个住宅区和高层公寓楼的住户都是来自多元种族背景。这样，人们就能当面接触和认识不同背景的邻居。由于思维的转变，新加坡人虽然文化或种族背景各不相同，却能够通过一种行之有效的方式建立起彼此的联系。

走进关联性

高阶思维的一个重要功能就是帮助大脑在新旧信息之间建立联系。

毋庸赘言，高阶思维的品质对我们是否能够感受到事物间的联系有巨大影响。高阶思维越完善、越具有生长性，我们感受到的事物间的联系也就越完善、越强健。凯恩夫妇提出的学习原则也指出，"人的大脑具有社会性""大脑通过构建联系来探求意义"。（Caine，Caine，1997，p.19）西尔维斯特提醒教育工作者说："万物之间皆有关联。"（Sylwester，1995，p.140）人类大脑特别擅长发现联系、建立关联。**高阶思维运用得越自如，大脑便越能够在不同概念之间建立关联，更多的学习将会发生。**甚至，我们可以说，一切教育的真正功能就在于发现不同事物之间的联系（relatedness）。

人类大脑特别擅长发现联系、建立关联。

纽带和连接

人如果缺乏发现联系、建立关联的能力，便会一直处于孤立状态，成长受阻。一些人先天具备抓住事物关联性的能力，而另一些人需要刻意的后天培养，甚至需要克服过去经历的阻碍，放下防御式的孤立思维。正如西尔维斯特所说："作为教育工作者，我们的任务是帮助学生把随机而琐碎的日常经验与影响人生的虽然少数但具有长久价值的信念、原则联系起来，并帮助学生建立相关的记忆网络，巩固日常生活与人生信念、原则之间的联系，并不断地检验这些记忆网络的效果。"（Sylwester，1995，p.103）

为了培养善于建立联系的高阶思维，教师要注重让学生参与发现联系的思维过程，而不能只让学生做题或背诵。当代世界多元化日益加深，全球视角纷繁多变，商务职场也要求男女员工善于团队合作。掌握善于建立联系的高阶思维，意味着一个人能与自我、他人、周围世界都建立良好联系。就好像三条腿的板凳一样，要想在当今世界风生水起，每一个人与自我、他人及世界的联系无一可以偏废。

> **要注重让学生参与发现联系的思维过程，而不能只让学生做题或背诵。**

处于变化中的关系

高阶思维有助于学生深入探索他们同自我、他人及世界之间的关系，在这些方面获得成长，有时候甚至能使一个人的生活发生重要改变。假如一个人与自我、他人及世界之间的关系一经铸成便不能改变，生活将会变得很糟糕。没有这种变化的关系，儿时遭受虐待的人将终生无法摆脱阴影，小时候觉得自己是个坏孩子，长大后也无法学会接纳自己、爱自己；没有这种变化的关系，男女一吵架，就永远不可能走向任何形式的和解；没有这种变化的关系，民族和国家之间也将无法摆脱仇恨和敌意，做到和平共处。

运用高阶思维意味着一个人不仅吸收信息，还考虑到真实的、互相关联的问题。教师都希望看到学生发挥高阶思维，而生活中的真实问题能够很好地激发学生的高阶思维。凯恩夫妇说："诚然，背诵的知识也可能相当复杂。比如说，我们可以学习'战争的起因分析'，然后详细地描述越南战争与海湾战争之间的区别。然而，即使是这样的知识往往也是肤浅的，它无法让学生做好利用知识解决真实生活中突如其来的复杂问题的准备。"（Caine，Caine，1991，p. 47）

> 教师都希望看到学生发挥高阶思维，而生活中的真实问题能够很好地激发学生的高阶思维。

主题和趋势

通过高阶思维来审视个体与自我、他人及世界的关系，我们便能够抽身到局势之外，看到事情和局势的发展情况。如果没有高阶思维，自我便总是被不停流逝的光阴所裹挟，追求一个接着一个的即刻满足；如果没有高阶思维，与他人的关系便会演化成从他人身上自私的索取；如果没有高阶思维，世界将会显得过于复杂，人们会退缩到狭小的群体中，采取偏见的简单化视角。戈尔曼说得好："只有一种认知能力能将明星员工与平庸的员工区分开来，这就是模式识别（pattern recognition）。这种'全局'（big-picture）思维方式能让领导者从周围大量的信息中找出有意义的趋势，并对未来进行战略性思考。"（Goleman，1995，p.33）

生活中涉及关联性的问题

生活中涉及关联性的问题简单而直接，比如："我正在学习或研究的东西对我的人际关系有什么影响？这些知识会为我与自身、他人及世界的关系带来什么变化？这些内容对我与自身、他人及世界的关系有什么启示性？我所学习或研究的一切，对我与自身、他人和世界建立更好的联系有什么帮助？"

教育工作者一定要明确地阐释高阶思维对这些有关关联性的生活问题的作用，否则，学生可能看不出建立高阶思维对他们的生活有什么益处。

理解信息——建立联系

策略描述

有了建立联系的思维技能（skill of connecting），才能看见联系，感受联系。建立联系是指在不同的信息、感受、概念、生活经历、文化习俗、国家利益等事物之间找到关联性的能力。只有视角具有足够的高度，才能够看到联系，觉察到关联性。

与关联性的联系

如果大脑缺乏建立联系的能力，就看不出事物之间的关联性。换言之，具有建立联系的思维技能，是完整体验事物之间关联性的基础。建立联系不是简单地把一个事实联系到另一个事实上，或把一个理念与另一个理念相连，它还涉及发现个体生活中存在的种种联系，把握个人经历的主旋律或是个体性格特质。此外，关联性还包括在自我与他人之间建立联系。如果没有建立联系的能力，我们就会与世隔绝。最后，关联性还涉及某一人群能否同外表看起来截然不同的另一人群建立联系。万物间互相联系，意味着哪怕是互相敌对的国家也需要后退出足够的距离，在国家层面建立联系。

> **具有建立联系的思维技能，是完整体验事物之间关联性的基础。**

教学提示

在课堂中提升建立联系的思维技能的一个途径是把新信息与学生已知信息联系起来。这能够促进学生学习，因为人类的大脑喜欢发现事物中蕴藏的联系、联结和某种模式。

> **人类的大脑喜欢发现事物中蕴藏的联系、联结和某种模式。**

可用于发展思维技能的问题

可促进学生发展建立联系思维技能的问题一般注重通过各种不同的方式把隐藏的关系揭示出来，如相似关系、纽带关系、因果关系、从属关系或其他联系。以下一些问题或提示语能够促进学生发展建立联系的思维技能：

- 小说中的某个人物和你有什么相似之处？

- 你会怎样与这个角色展开对话？

- 我们以前什么时候也曾经遇到过这个问题？

- 你曾经什么时候因发现了事物间意想不到的关联而感到惊讶？你是怎样发现这种联系的？

- 你们小组共有四人，尝试找出你们之间的五个共同点。

借助图形组织器展开高阶思维

教师如果要了解学生已经具备什么知识、想要学习什么，就可以使用一个非常受欢迎的图形组织器，即奥格尔（D. Ogle）发明的 KWL[①]，如图 3.1 所示。

使用 KWL 非常简单。在新单元或新教学主题的开始，教师先问学生已经了解了什么相关信息。在 K（已知）一栏写下已知信息后，教师再问学生想要学习关于该主题的什么知识，并把学生的回答写在 W（想知）一栏下面。最后，在本单元或本课结束时，问学生学到了什么新知识，并把回答列在 L（新知）栏下。大脑研究显示，将新旧知识联系起来对学习和记忆非常重要，KWL 正是借鉴、利用了这一点。此外，教师可以通过让学生自己提出想学习的问题，来提高学生对新学习内容的兴趣和接受度。

---

① KWL 是三个英文单词（短语）的首字母缩写，即"已知（Known）""想知（Want to know）""新知（Learned）"。——译者注

建立联系		
恐龙		
已知（K）	想知（W）	新知（L）
•有许多不同种类 •它们体形大，而且能带来危险 •现已灭绝	•它们吃什么？ •它们有多大？ •它们是怎么灭绝的？	•有食草恐龙，也有食肉恐龙 •有小恐龙，也有3到5层楼那么高的大恐龙 •彗星导致恐龙灭绝 •与今天的鸟类有关 •早在人类出现之前就灭绝了

图 3.1　通过 KWL 建立联系的实例

虽然 KWL 是一个非常有效的图形组织器，但是显然教师不能总是用它，这样学生会感到厌倦。一种变通的做法是，让学生就已知、想知、新知展开简短的讨论，而不做书面记录。或者，教师用一种不一样的思维图示来提出这些问题，比如我常用网状图来概括已知内容。

在新单元或新学习主题的开始阶段创建 KWL 图形组织器后，把它张贴在课堂上，直到整个单元或主题学完。把学生想要学习的话题穿插到学习内容中，可以向学生表明教师在认真地对待他们的兴趣点。有些教师还会更进一步，完全围绕学生的兴趣点组织教学内容；还有一些教师会让学生组成小组，去探索自己所提问题的答案。

概括洞察——强制建立关系

策略描述

强制建立关系（forcing relationships）即努力寻找两种事物、理念或两类知识点之间的联系，即便二者乍看起来是矛盾对立的。研究两种看似冲突的事物，努力寻找其中的关联，有时能够引发极具创造意义的高阶思维，揭示出富有深度的独特关系，而浅尝辄止则无法看见这种关系。这就好像有许多五颜六色的图片摆在我们面前，我们必须仔细看一阵子，才能发现其中隐藏的图形。

与关联性的联系

看出明显、浅表的关系是一回事，而能够建立潜藏的联系，或在看似冲突、脱节的事物之间创造一个联系，则是另一回事。这需要深思熟虑才能找出独特的视角，发现潜藏的关系。强制建立关系需要我们与呈现在面前的事物"摔跤搏斗"，才能在看似脱节的事物中"搏出"关系来。要做到这一点，我们需要更积极的全情投入，当然毫无疑问，也会收获更多。

教学提示

强制建立关系是保护和利用离题思维（tangential thinking）的一个好办法。在课堂讨论中，学生有时会说出一些看上去完全偏离主题、没有头绪的话来。教师可以问学生如何看待、理解这些话与所学主题的关系，而不是直接忽视这些话，或者责备学生偏离主题。教师这样提问后，可以引发学生一些很有启发性的思考。教师这样提问得越多，就越能鼓励学生发挥创新思维。

> **强制建立关系是保护和利用离题思维的一个好办法。**

可用于发展思维技能的问题

如果教师要帮助学生在不同事物之间强制建立关系，那么提问通常要聚焦于不同事物之间的相似处，而非不同之处。以下这些问题有利于发展学生强制建立关系思维的技能：

- 这两种相互矛盾的观点之间有什么相似之处？

- 这两个对立的角色可通过什么方式建立联系？

- 有哪些可能的场景或许能促进解决中东危机？

- 按照你的思路，你刚才发表的观点与我们正在讨论的话题有什么关系？

- 为什么说莎士比亚的《哈姆雷特》可能与《星球大战》有着一致的主题？

- 甲事物如何让你想起了乙事物？

- 今天的课更像一碗意大利面还是一份冰激凌？为什么？

借助图形组织器展开高阶思维

直角思维图形组织器（图 3.2）有助于发展强制建立关系的思维技能。在直角思维图形组织器上方的箭头对应的位置，写下要讨论的主题（如图 3.2 中的"印度"）。在右上方横线上列出你想到的与讨论主题相关的事项。当偏离主题的意外事项出现时，将其添加到左下方的横线上。当两个列表都完成后，为左下方的列表命名，在朝下的箭头对应位置写下主题是什么（如图 3.2 中的"美国民权运动"）。最后审视两个列表，并用一句话概括两个主题之间的关系，写在方框中。

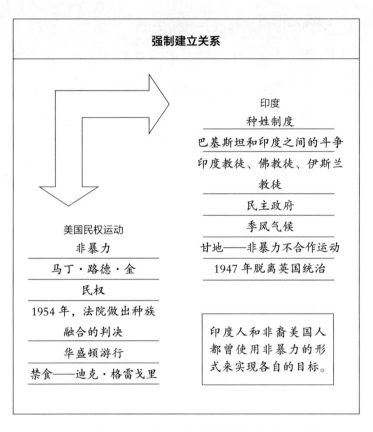

强制建立关系

印度

种姓制度

巴基斯坦和印度之间的斗争

印度教徒、佛教徒、伊斯兰

教徒

民主政府

季风气候

甘地——非暴力不合作运动

1947 年脱离英国统治

美国民权运动

非暴力

马丁·路德·金

民权

1954 年，法院做出种族

融合的判决

华盛顿游行

禁食——迪克·格雷戈里

印度人和非裔美国人
都曾使用非暴力的形
式来实现各自的目标。

图 3.2　通过直角思维图形组织器强制建立关系的实例

发现应用——推广

▼

策略描述

推广这项高阶思维技能（skill of generalizing）是指从一种情境中提炼出原则、思想、主题和价值观，并看出它们如何应用于其他情境。推广是一种迁移，它非常类似于帕金斯（D.Perkins）的低路迁移（low road transfer）概念："当一种情境与另一种情境之间不断出现相似之处，主体在二者之间建立了联系时，低路迁移就发生了。"（Perkins，1995，p.225）推广思维活动更容易发生在实际生活中，与书本学习不一样。在实际生活中运用推广的思维技能，与在书桌前思索一些有趣的想法不是一回事。它涉及吸取在一种生活情境中得到的经验教训，并把它应用到另一种生活情境中。

与关联性的联系

能够发挥推广思维技能是对学习结果的一种检验，它表明学习结果已经内化于心了。我们可以说，如果学生能够运用推广的思维技能，表明他们的高阶思维就已经具备了关联性这个素质，学生能够从一种情境中获取特定的概念、价值观和原则，并将它们推广到其他情境中。因此，推广可能意味着在一个课堂中学到某种方法，然后把它用到其他课堂中；还可能意味着从一次生活体验中学到某种经验，然后将其用于其他生活场景。

教学提示

在教授学生推广这一思维技能时，一定要选择真实性强的生活场景。例如，在使用发展推广思维技能的图 3.3 时（见后文"借助图形组织器展开高阶思维"部分），情境一和情境二都需要是以学生为中心的真实发生的场景，这要求教师在一定程度上了解学生的生活。教师可以循序渐进地从个人事件、故事情境、历史事件、新闻时事过渡到世界性的情境。在利用这些生活情境时，一定要切近学生的实际生活，这样有助于学生把在一种情境中概括出来的抽象理论推展到其他情境。推广是高阶思维关联性维度中最难掌握的技能，学生或许需要大量练习才能运用自如。

可用于发展思维技能的问题

推广是一项重要的生活技能，它需要个体进行深入的内省式思考，而内省式思考也需要锻炼和培养。以下一些问题有利于提升学生的推广技能：

- 这次经历教会了你什么？

- 这次经历对你课堂之外的生活有什么帮助？

- 你的过往经历对你解决现在的问题有什么帮助？

- 对这一情况的思考你取得了哪些突破，帮助你解决了目前的问题？

- 这个人物角色在这段故事中体现出什么信念、价值观？

- 既然你秉持这样的信念，那么下次发生这种情况时，你的做法会与上次有什么不同？

借助图形组织器展开高阶思维

图 3.3 所示的图形组织器是一个简单的工具，可

以帮助学生在不同情境进行推广。首先，让学生在标有"情境一"的三角形中写出关于该情境的一些详细情况。其次，让他们在标有"情境二"的三角形中写下关于另一情境的一些详细情况。让学生分析情境一的情况，从中提炼相关的观点、价值观、信念等，并把这些内容写在"情境一"三角形的周围。接着，转到"情境二"三角形，让学生考察这个情境的细节情况，并探询两种情境各自包含的观点、价值观和信念（原则）之间可能存在什么关系。[①]

---

① 图 3.3 情境一来自一个新闻事件：一个"吹哨人"了解某些情况，不知道该不该揭露，但最终决定揭露。迁移到情境二，一个人需要做出一个可能导致自己不受欢迎的决定，但最终决定诚信做人。要注意的是，情境一不是来自学生的个人生活，而情境二属于学生的个人生活范围，用情境一提取的观点、信念和价值观来影响情境二的决定。该例子不像"相关性"部分的例子那么具有情感张力，因此此处借用观点、信念和价值观帮助学生发现情境一与情境二之间的联系。——译者注

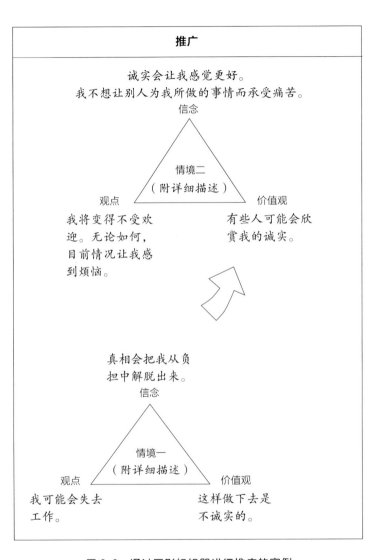

图 3.3 通过图形组织器进行推广的实例

〖第四章〗

门道四：锻炼严谨／专注性

我听说过这么一件事：一所高中决定，学校里的所有学生都可以自愿报名参加"天才学生学习项目"。有几名学业得分为 C 的学生也报名参加了这个项目。很多人担心这些学生缺乏准备、基础不够，可能无法胜任该项目的学习，会感到挫败和迷茫。然而，令教育工作者们震惊的是，这些原本只能得到 C 的学生开始取得 B 和 A 的成绩。学习挑战中的某些元素将他们的思维能力推到了更高的层次。

走进严谨、专注性

▼

什么是思维的严谨、专注性（rigor）？我们可以从学生的某些表现中窥见一斑。例如："学生在思维活动中面对此路不通的风险时愿意大胆地进行头脑风暴，建立一种新的联系，提出自己的见解，直面问题的挑战，他们会要求老师不为其提供现成的答案，因为他们想靠自己解决问题。"（Costa，1991，p.28）习惯于开展严谨思考的学生愿意寻找新途径来进一步锤炼和检验自己思维的严谨性。

要检验学生的思维是否具有严谨、专注性，就不能简单看学生胸有成竹、知道自己该怎么做的时候，在科斯塔看来，在学生一筹莫展、不知道该怎么做的时候观察其如何思考，才是对其思维的真正检验（Costa，1991，p.9）。

> **在学生一筹莫展、不知道该怎么做的时候观察其如何思考，才是对其思维的真正检验。**

思维的严谨、专注性还涉及另一个重要的概念："在我的教育观中，问题比答案重要……"（Gardner，1999a，p.24）如果教学环境中包含许多复杂而切近学生生活的问题，就能激发学生进行严谨、专注的思考。为了做到这一点，教师需要提前设计采取什么教学策略。

加德纳又说，思维的严谨、专注性可能还涉及其他一些元素，包括"元认知，自我意识，自我认知，二阶思维，计划（及相关的修改和反思），系统思维，以及这些诸多元素的相互作用"（Gardner，1999b，p.52）。这些元素及其相互作用让我们可以推测，灵活变通、充满好奇、训练有素的头脑是什么样的，这种头脑所具有的严谨、专注的思维是什么样的。这种思维看似高不可及，但却是学校教育的宏旨所在。

科斯塔说："一些学生可能把思考视为苦差，因而避开需要'大量'思考的场合。学生、教师和教育行政人员都需要认识到，**学习如何运用思维、不断地提升自身思维水平，正是学生接受教育、我们从事教育工作的宗旨。**"（Costa，1991，p.152）尽管背诵某些知识内容也有其重要意义，但是思维的严谨、专注性并不能够通过背诵得到提升。只有通过解答具有启发性的问题，才能令思维更加严谨、专注。

凯恩夫妇提出，有三种要素同思维的严谨、专注性密切相关——复杂的体验（complex experience）、放松而警觉的状态（relaxed alertness）和积极的反思（active processing）（Caine，Caine，1997，p.178）。当教学环境包含这三个要素时，学生便能够发展严谨、专注的思维。

复杂的学习体验

只是完成相对简单的学习任务，就不能收获严谨、专注的思维，这一点显而易见。正如果只练习跑步 1 英里，就不可能赢得 26 英里的马拉松赛跑。如果想要在马拉松赛跑中获胜，选手就必须循序渐进地增加跑步的距离。"虽然学生通过听课和背诵也能学习，但是当学生不断沉浸在复杂的体验中，分析和审视体验所带来的意义和见解，并不断地把所学知识同个人目标联系起来的时候，就能学到更多的东西。"（Caine，Caine，1997，pp.18-19）

由于沉浸在复杂的问题情境中有助于学生的学习，所以当下基于问题的学习、项目化学习大有可为，能有力提升学生的学习体验。这两种教学策略都涉及多重学习任务，能发动学生的多元智力，同时也要求学生学好学科核心内容。当这些都做好时，意味着学生理解并消化了学习内容，并能通过各种不同方式展现他们的学习成果，而不仅仅是书面作业。因此，从这个意义上说，如果教师认为自己要替学生简化学习任务，那就是在教学中缺斤短两。

> **如果教师认为自己要替学生简化学习任务，那就是在教学中缺斤短两。**

要想在某一学科获得复杂的学习体验，意味着学生不仅要学到学科核心知识，还要掌握该学科的思维方式。当教师意识到这一点并决定这样做时，就会在教学中提供更广阔的学习情境，而不是只让学生背诵知识点。

埃尔德和保罗曾这样表述：

学科内容并不是一团散沙的信息组合（讲授式教学常常误入此歧途），而是一个包含逻辑关系的体系，是由概念、原则、见解组成的组织结构，是涉及一系列问题的对话体系，最终，它是一种严谨的思维方式。当一个人学习历史，他就是在学习如何从历史角度开展思考；当一个人学习生物学，他就是在学习如何从生物学角度开展思考；当一个人学习人类学，他就是在学习如何从人类学角度开展思考。（Elder，Paul，1994，p.34）

思维的严谨、专注，意味着一个人能运用所学的学科思维进行思考。显然，要把学科思维方式作为目标教给学生，意味着教师要彻底转变教学方式。这提示教师："**在选择教学内容时，要看它们能否成为学生发展学科思维的载体，能否促进学生的思维过程。**"（Costa，1991，p.7）

高挑战低威胁的教学环境

威胁度高的环境会阻碍个体严谨、专注性思维的发展，导致"思维降档"（downshifting），凯恩夫妇将其定义为：

威胁所造成的无助感、疲劳感等心理和生理反应。思维降档后，学生不可避免地退回到大脑的简单化功能，退而采取前期"程式化"的行为模式……。换句话说，思维降档可能会促进记忆，但却会干扰高阶思维、批判性思维和创造力的发展。（Caine，Caine，1997，p.41）

当出现思维降档时，人的身体和大脑的注意力都集中在如何降低面前的威胁上，大脑几乎没有余力来开展严谨、专注的高阶思维。不过，正如前文所述，挑战性低的学习环境也不利于发展严谨、专注的思维。

为了避免思维降档，凯恩夫妇提出，教师需要为学生塑造"放松而警觉"的学习环境（Caine，Caine，1991，p.134）。**"为了最大限度地促进学习，我们需要塑造一种允许学生安全地冒险的环境**。我们要从本质上消除无处不在、无时不在的胁迫感。我们说让学生'放松'，意思就是给学生安全感，允许他们适度地冒险。"如果学生状态不放松，就不能很好地应对高水平的学习挑战。

凯恩夫妇这样描述"放松而警觉"的状态："有一种最佳的状态，适于让头脑提升知识的掌握水平。这种状态既包含利于激发学习动机的中高度挑战，又包含较低的威胁和整体的幸福感（和谐感）。我们把这种状态称为'放松而警觉的状态'。"换言之，学生需要一定程度的挑战、一定程度的不舒适感，才有动力发动思考过程。如果学生体验到的不仅仅是不舒适感，而且上升到威胁的程度，那么思考过程就会受到阻滞："放松而警觉的状态并非不起波澜、毫无变化，它是一种发展中的活动状态，能够使大量的变化共存其中。"（Caine，Caine，1991，pp.132，134）

有许多因素有助于营造"放松而警觉"的环境。除了课堂和教师，学校的整体氛围以及周边社区也能为营造这种环境做出贡献。（Caine，Caine，1991，p.136）

经验丰富的教师知道如何结合每名学生的状态来达到高挑战与低威胁之间的平衡。假如达不到挑战程度和威胁程度之间的平衡，学生就很难达到严谨、专注的思维状态。

积极反思和多种展示方式

虽然复杂的学习体验和放松而警觉的状态都至关重要，但仅仅有这些还不够。凯恩夫妇指出：

复杂的学习体验和放松而警觉的状态至关重要，但是如果我们想要学生的学习有显著提高，就必须帮助他们有效地利用自己的学习体验。仅仅是经历复杂的学习体验，并不能保证学生从中学到很多东西。学生必须将学习过程中嵌入的概念和技能明确地表现出来，以展示对它们的掌握程度。（Caine，Caine，1997，p.178）

　　未经反思的学习材料不会进入人的长期记忆。只有经历反思，比如进行高阶问答、写日记、小组讨论反思，才能让严谨、专注的思维成为学生的品质。不过，"对大脑友好的教学而言，最具挑战性的莫过于让学生积极地反思"（Caine，Caine，1997，pp.178-179）。即使教师能够设计复杂的学习体验，也能够营造放松而警觉的氛围，让学生积极主动地反思往往非常耗时。然而，只有学生积极地进行反思，通过多种方式展现学科学习内容，整个学习体验才能融会贯通为一个整体。只有在这个时候，学生才最终体验到进行严谨、专注的思维对自己的益处。

> 只有学生积极地进行反思，通过多种方式展现学科学习内容，整个学习体验才能融会贯通为一个整体。

生活中涉及严谨、专注性的问题

▼

生活中如下一些问题常常涉及严谨、专注性思维：

- 为什么这些学习材料值得我付出精力和认真思考？

- 我把自己的精力和努力思考投入这项任务和学习活动中，这会给我带来什么益处？

- 学校要求我们掌握的这些学科内容会给我带来怎样的回报，让我觉得现在的付出是值得的？

大多数学生具备学习的精力和思维能力，这说明他们都有潜力发展严谨、专注的思维。当学生愿意付出必要的努力和思考，并把学习和个人生活联系起来，严谨、专注性思维就自然得到发展了。

理解信息——解释为什么

▼

策略描述

解释为什么（explaining why）的思维技能是进入严谨、专注性思维的一个切入点。要解释为什么，就要从里到外、从各个角度考察眼前的材料，以识别出并非显而易见的原因。解释为什么涉及因果思维，一个人要足够透彻地审视"果"，才可能追溯到其中的"因"。追溯因果关系不能凭现象捏造一个原因出来，而必须仔细考察情境或分析材料，找到一些客观依据。

与严谨、专注性的联系

综合已知事实、洞悉表象背后的缘由要求一个人具有训练有素的头脑和严谨、专注的思维。草率的思考无法寻溯到真正的原因，依赖他人的结论也无助于让思维具有严谨、专注性。学生要想解释为什么，就必须集中精力审视已知内容，如此才能找到背后的缘由。

教学提示

在学生解释为什么的思维过程中，教师要创造尽可能多的机会向学生提出一些元认知问题，让学生思考自己是如何思考的。如果学生解释的原因相当离谱，那么元认知问题就有助于找出学生在思维过程的什么步骤出了差错。需要强调的是，在教学活动中，要时刻结合复杂的学习体验、放松而警觉的状态、积极的反思这三个要素，并不断巩固这三个方面，以营造促进包括解释为什么等严谨、专注性思维发展的学习环境。

可用于发展思维技能的问题

有助于学生解释为什么的问题和提示语常常聚焦于审视要研究的材料，并对其做出合乎逻辑、言之有据的推论。以下一些问题和提示语能促进解释为什么思维技能的发展：

- 是什么信息使你得出这个结论？

- 产生这些结果，还有哪些其他潜在的原因？

- 在所有的解释中，哪一条原因与已知信息联系最紧密？

- 你如何检验自己分析的准确性？

- 根据你收集的信息，你猜测这些信息可能产生什么结果？换句话说，如果把这些已知信息作为起因，那么它们将来可能会产生什么结果？

- 假如实验结果与你当初的假设有差异，请找出差异产生的三个原因。

借助图形组织器展开高阶思维

图 4.1 所示的图形组织器可以帮助将已知信息呈现在学生面前。如果已知信息不是通过图形组织器清晰地呈现在学生面前，学生可能就看不出信息之间隐藏的关系；有了图形组织器，学生就能够更好地把握不同信息之间的因果关系。使用图 4.1 所示的图形组织器要求具有一定的判断力，找出哪些信息与眼前情境有联系。

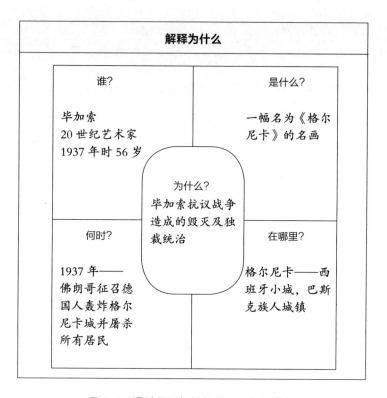

图 4.1　通过图形组织器进行解释的实例

概括洞察——推断

▼

策略描述

推断（inferring）是指读出文本言外之意的能力。当学生进行推断时，先审视已有信息，再对隐含信息做出合理判断。这就有点像玩拼图。当拼图大部分完成后，即使还有某些部分没有就位，人们依然知道全图会是什么样子。推断的难点在于，它几乎完全依赖语言智力来让已知信息发挥作用。学生越是能够对眼前文本传达的信息建立可视化的理解，就越能做出合理的推断。

> **学生越是能够对眼前文本传达的信息建立视觉化的理解，就越能做出合理的推断。**

与严谨、专注性的联系

学生只有集中精力思考，才能对已知信息构建可视化的理解，并对未知情况做出"有理有据的"推测。正如我们在"解释为什么"技能所述，推断也不是脱离已知信息胡乱地猜测，它需要结合已知信息，得出合理的洞见。这就要求思维具有严谨、专注的素质。从所有已知信息中进行筛选，只选择相关信息进行推断思考，以发现未知信息，这需要训练有素、严谨、专注的思考。

教学提示

虽然许多学生感觉在学校开展严格的推断活动非常困难，但实际上他们在日常生活中不停地做着各种推断。例如，一个女孩看到自己的男朋友和另一个女孩说话，女孩马上推断男朋友不再关心她了。无论这个推断本身正确与否，她都是从她看到的情况，或许还有之前与男朋友交往的经验，做出的这个推断。再举个例子，一名学生走在街上，看到前面有一群吵闹的学生，他们来自另一所学校，与自己学校的学生关系一度紧张。这名学生可能会想，改换一条更安全的路线可能是明智之举。他其实是在做推断，即根据目前的实际情况以及两校学生之间过往的纠纷，绕道走开是最好的选择。帮助学生分析他们在日常生活中进行推断的过程，有利于他们在学校的课堂学习过程中继续发挥推断的思维技能。

> **帮助学生分析他们在日常生活中进行推断的过程，有利于他们在学校的课堂学习过程中继续发挥推断的思维技能。**

可用于发展思维技能的问题

推断意味着从观察中得出结论。重要的是，学生要以观察为基础得出结论，而且要把观察与前期认识结合起来。因此，推断所得出的结论不仅来自当前的观察，还来自学生前期经验所提供的间接认识。前期经验如果合乎逻辑理性，适用于当前情况，就可以作为推断的依据。

以下这些问题和提示语能够促进学生发展推断思维技能：

- 鉴于这位参议员已经对这三项议案投了赞成票，你认为她对××的立场是什么？

- 如果某人从3点到5点在此地，从7点半到9点半在彼地，那么5点到7点半这段时间他可能在哪里？

- 你认为你的钱包可能是在哪里丢的？

- 如果你的好朋友不在家，他可能会在哪里？

- 如果你被困在交通堵塞中，突然听到许多警车和消防车鸣笛声，你认为前方可能发生了什么情况？

- 如果佛罗里达州在作物生长季节连续一周遭遇大霜冻，哪些商品明年可能会涨价？

借助图形组织器展开高阶思维

图4.2所示的一个简单的图形组织器能帮助学生组织相关信息，将不同信息之间的关系明晰化，使学生进行更有条理的推断。使用这个图形组织器必须理解，推断就是发现信息中隐含的言外之意。学生先在长方形信息框中写下一条任何可能的相关信息，然后在椭圆推理框中列出一条相应的推断。学生把所有已

知信息都这样罗列出来之后，就可以分析字面信息间接传递着什么思想。

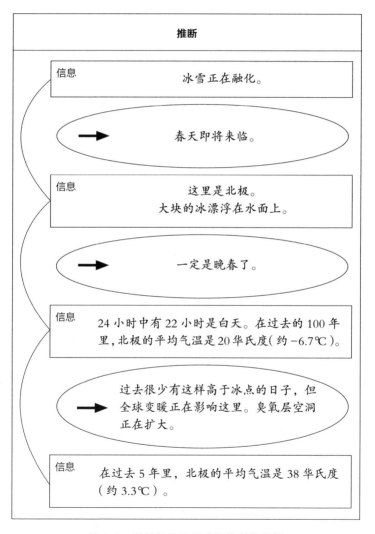

图 4.2　通过思维导图进行推断的实例

发现应用——定序 / 预测

▼

策略描述

定序（sequencing）思维技能是将不同事件、步骤说明、数学程序或科学过程按顺序排列的技能。它要求一个人具有全局思维，知道每一个事件或步骤会导向何方，也知道各个部分如何逻辑有机地组合成整体。

> **定序和预测两种思维技能都与时间顺序（过去、现在、将来）有关。**

预测（predicting）思维技能比定序更进一步，它指预见尚未发生的事情，根据已知状态预测接下来将要发生什么。定序和预测两种思维技能都与时间顺序（过去、现在、将来）有关。

▲

与严谨、专注性的联系

思维只有具备严谨、专注性，才能从已知跃迁至未知。需要再次说明的是，学生在运用定序、预测等思维技能时，也不是随意而为，而是基于已知事实有据开展。在纷繁的信息中找出有用的信息需要思维聚焦，选择与事实相关的选项则需要思维专注。

正是这种定序和预测的能力使一个人能够识别行动和决定的后果。许多人看不清自身行动会造成什么后果，这也难怪，因为预见后果是一件困难的任务，需要非常严谨的思考。遗憾的是，学校教学往往并不强调这些方面。

教学提示

在介绍预测的思维技能之前，教师需要让学生熟悉并适应定序思维技能。基于现有数据做出合理预测是课堂上经常使用的技能，而想象式预测（即不一定基于逻辑的预测）可以用于一些创造性方面的活动。

可用于发展思维技能的问题

定序和预测思维技能让学生能对一系列事件或情

况进行更深入的思考。定序要求学生在一系列信息之间找到层级、时序或因果关系；预测则要求学生顺着逻辑线索发现接下来还会有什么。

以下一些问题和提示语可以提升我们的定序和预测技能：

● 解这个方程的正确步骤是什么？

● 把你要做的实验步骤一步一步列出来。

● 根据目前已读的内容，你认为接下来会发生什么？

● 你认为谁会赢得选举？什么信息令你得出这个结论？

● 故事开始前发生了什么？

● 如果国家发动战争，会给经济带来什么变化？

借助图形组织器展开高阶思维

"桥接快照"（bridging snapshots）图形组织器（如图 4.3 所示）非常适合用于进行定序和预测。它能帮助学生确定故事或戏剧中的关键场景，植物或动物的生长阶段，求解方程的步骤，等等。此外，该图形组织器还可用于预测。如图 4.3 所示，在大长方形中，列出要按照某些给定标准（比如时间、首字母、重要程度或其他标准）排序的有关信息；在用直线连接的小长方形中，按照要求的标准排列这些信息。在运用该图形组织器练习预测思维技能时，小长方形的数目要不少于大长方形中的信息条数，学生要基于逻辑预测接下来会发生什么。有些"桥接快照"图的格子里可以填画图片，也可以填符号、单词、短语或句子。

"桥接快照"图形组织器完成之后，可以把它张贴在教室里，这么做特别有助于学生明确某些活动的步骤或流程。当学生有图形组织器可以参考时，就能更快地将流程或步骤内化于心。此外，该图形组织器也有助于学生自我复核，或用来核查操作过程中遗漏了什么步骤。

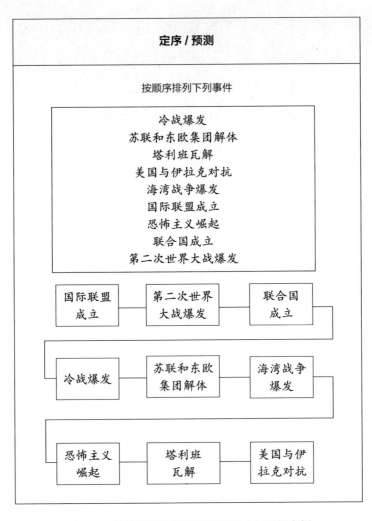

图 4.3　通过图形组织器进行定序／预测的实例

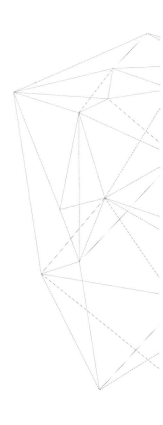

第五章

门道五：强化迁移／递归性

回顾与收获

今天的习作课你都经历了哪些过程？
们制作了哪些学习产品？

在小组物料盘里选取一张你喜欢的颜
彩纸，来形容这节课的感受。

今天的习作课对你最有帮助的是什么
方？

李（Lee）读高中时，就开始为朋友和家人提供上门电子维修服务，展示出机械天赋和动手能力。李其实并没有接受过正规的电子课程培训，也没有正式学习过相关技术，因此很多人都对他的能力感到惊讶。

几年后，李由于在操作电子设备方面技术娴熟，开始在金科公司（Kinko's）工作，那里有许多能够进行复杂操作的大型复印机。他学会了准确地满足客户的需求。在我看来，这表明李将电子领域的知识迁移到了操作这些大型机器上。

而现在，李在一家生物技术公司工作。该公司生产在人体内部使用的微型复杂机器，李的许多工作是通过显微镜完成的。他现在已经会使用激光焊接技术，这表明李已经完成一个巨大的飞跃，从机械领域上升到一个更为复杂、风险更高的工种。或许，帕金斯笔下的"高路迁移"（high road transfer）能够概括李把电子、机械领域技能迁移应用到生物科技领域的过程。

走进迁移、递归性

▼

"迁移和递归（recursiveness）保证了学习成果的迁移应用。当思维具备迁移和递归性，学生所学的概念和技能就能脱离原本的领域，迁移运用到其他学科以及各种生活情境中。当可以脱离原来的情境应用到新情境中，学习成果就能得到巩固和强化。"（Fogarty，1997，p.58）迁移与递归意味着一个人能够从一次事件或经历中提炼出经验或原则，并判断它们在另一个完全不同的场景中的作用和应用。

教师常常会发现，在课堂上，学生的思维缺乏迁移、递归的特性。科斯塔说："当教师请学生回想以前是如何解决类似的问题时，学生即使最近刚刚解决过同类问题，也还是常常想不起来。这常让教师感到灰心，学生看起来就好像以前从来没听说过、遇到过

同类型的问题。他们的每次学习体验好似彼此孤立，前后学习经历毫无关联。"（Costa，1991，p.26）

科斯塔的评论表明，大多数学生的思维还不天然具备迁移、递归的素质。实际上，教师希望学生迁移运用所学内容，但学生往往做不到。（Fogarty et al.，1992，p.x）教师必须非常明确、耐心地教导学生如何进行迁移与递归。在科斯塔看来，**教师不能只把课程视为学习内容的载体，而是要把课程作为教会学生如何深入思考的载体，包括如何进行迁移、递归的思考。**

> **教师必须非常明确、耐心地教导学生如何进行迁移与递归。**

当我们把科学、数学、艺术囊括在课程体系中，不是把这些科目本身作为目的，而是要问一问，我们可以从这些科目中获得什么独特的性质、架构、探究模式，并应用到其他情境中？当我们做出这种基本理念的转变后，就会使自己的教学发生改变。我们的教学不应局限于学习学科内容，而应从学科内容中学习。我们不再只把掌握学习内容和概念作为目的，而是追求运用知识，迁移使用认知策略，运用复杂的推理和更缜密的逻辑思维，发挥想象力和创造力，自信地解决新问题。（Costa，1991，pp.164-165）

随着现代社会信息呈爆炸式增长，职场要求快速多变，职业任务要求多元化，迁移、递归的思维品质逐渐成为对所有学生的要求，而不是少数尖子生才具备的"奢侈品"。

跨越时空的学习

迁移、递归技能使学生能将所学应用于多种不同情境，包括过往情境和未来情境，从而实现真正的学习。这样，迁移、递归技能就帮助学生打破时间和空间的限制，产生学习中的连锁反应。

迁移、递归技能强调在许多不同情境和时间利用学习成果，从而使学习经验的益处成倍增加。当学生把学习收获迁移应用于过往的生活经历时，可能会领悟到过去不曾意识到的意义。当学生把学习收获应用于未来情境中时，它将能在学习体验发生多年之后依然结出硕果。正如凯恩夫妇所指出的：

因此，学习不应该只局限于课堂练习，而应该通过有意义的方式同学生生活的多个方面联系起来，包括家庭生活、家庭以外的生活、社交生活、学校生活等各个方面。……在生活的这些领域里，我们会发现各种不同层次的可能的体验。我们越是让学习同这些生活体验产生联系，学习成果就越具有现实性和活力。（Caine，Caine，1997，p.168）

教师只要善于观察，就会发现学生会在不同场合迁移运用他们的学习收获。家长们可能会提到孩子在家的不同行为表现，教师们发现学生把从某个学科学到的策略迁移运用到另一个学科的学习中。（Costa，1991，p.27）当学生的思维具备了迁移、递归的品质时，就好像头脑中亮起了一盏又一盏灯，将会带来明显的外在表现。

教师只要善于观察，就会发现学生会在不同场合迁移运用他们的学习收获。

有意识的洞察

迁移、递归思维的一个关键在于，学生需要有能力从一次学习体验、事件或个人经历中提炼出原则、概念或模式。如果没有这个步骤，学生很难把过往和当下的情境联系起来，因为不同情境的外在具体情况看起来确实千差万别。

帕金斯区分了低路迁移（近迁移）和高路迁移（远迁移），这对于理解迁移与递归思维至关重要："近迁移意味着在非常类似的情境中应用相同的知识和技能，而远迁移意味着思维的巨大跳跃。"（Perkins，1995，p.223）近迁移似乎更近似于本书"关联性"所描述的推广思维技能。帕金斯说："近迁移是模式化的，需要进行大量的练习，一遇到某种特定模式便会激发这种技能，它是经验性智慧的一种表现。"（Perkins，1995，p.225）

虽然推广也是一项重要的思维技能，但是它不需要迁移、递归所需要的高阶思维的跳跃，因为迁移和递归"依赖于学习者有意识地努力从情境中提炼原则"（Perkins，1995，p.226）。一个人必须能够从情境中抽取某些具有普遍性的元素，才能将其用于其他情境。否则，在看似风马牛不相及的两种不同情境之间，实在没有什么能迁移的东西。

除非教师鼓励学生深入反思学习体验，寻找其中的普遍性，发掘运用已有知识的机会，监控自己的思维，反思自己处理问题和任务的方式，否则学生就不大可能学会刻意地迁移运用学习成果。不幸的是，大多数讲授式教学并不注重学习中这个需要深思的重要方面。（Fogarty et al.，1992，p.xvi）

如果要鼓励学生发展迁移、递归的思维，教师就必须努力思考，把迁移、递归的思维过程分解为小步骤，如此才能让更多的学生理解迁移、递归的思维过程。

在不同情境之间进行迁移

如同许多事物一样，高阶思维需要练习才能达到娴熟的水平。只有集中精力、聚精会神，才能实现我们所期待的知识和能力的迁移。"教师只要提供迁移所需的条件，如低路迁移需要大量练习、高路迁移需要有意识地开展抽象思考，学生就能够学会迁移。"（Perkins，1995，p.228）很多时候，教师要么并不指望学生能做到高路迁移，要么就是指望学生天生就会高路迁移。少数学生可能天生就会进行高路迁移，然而大多数学生需要教师明确地教导如何迁移，才能发展迁移的技能。帕金斯指出："教师并不能期望所有学生天生就会迁移。学生不是天生就知道如何寻找普遍性、如何进行广泛的思考。教师需要刻意地寻找并凸显不同情境之间的关联。"（Perkins，1995，p.228）

> 教师并不能期望所有学生天生就会迁移。学生不是天生就知道如何寻找普遍性、如何进行广泛的思考。

当今时代，职场越来越多地要求人们具备高阶思维技能，而教师却没有直接学习过这些高阶思维技能，也没有直接学习过如何教导学生掌握这些技能。除此之外，教师还面临着一个挑战，即了解学生是如何在个人生活中运用迁移、递归思维的。

生活中涉及迁移、递归性的问题

▼

生活中涉及迁移、递归思维的关键问题有利于学生将知识运用于新情境。这些问题通常着眼于未来，如：这对我的未来有什么价值？这次学习或事件对我将来的生活有什么帮助？这次学习或事件将如何为我的生活和未来指明方向？

迁移、递归的思维有助于人们思考，如何从某个情境、事件或学习体验中提取相关概念，应用到其他看似截然不同的情境中？迁移、递归的思维常涉及整体方向、未来和全局，因此，另一个与该思维技能相关的生活问题可能是：这次学习经历或活动将对我的一生产生什么影响？

由于当代社会更关注"现在"，迁移、递归在某种程度上可能是最难具备的思维素质。"人生苦短，及时行乐"是社会上一种普遍的心态，迁移、递归的思维与"只看眼前""及时行乐"的风潮背道而驰。学生如果不放眼展望未来，就可能限于盲目中而看不见当下教育的价值。

理解信息——分析

▼

策略描述

分析（analyzing）的思维技能帮助人们分解审视有关内容，或从中建构概念、梳理主题。学生在分析的过程中，需要从某个视角来审视整体中的不同部分，或审视材料中出现了什么新概念或主题。这要求学生能够区分主要部分与细枝末节，并注意到有什么特定的主题和概念贯穿在不同的部分。学生只有具备了这些分辨能力，才能把握学习材料和生活经历中蕴含的重要意义。

与迁移、递归性的联系

在迁移、递归思维中，最基本的技能是把材料拆分开来，审视各个组成部分。如果没有这个基本技能，学生就无法看出什么元素可以迁移应用，它们在将来有什么用处，也就无法发展迁移、递归的思维。**要培养迁移、递归的思维，并不取决于细枝末节是否记得牢固，而是取决于如何从细节得出推论。**只有从细节中概括出来的经验和意义，才能同个体的生活及未来建立联系。

教学提示

对很多学生来说，涉及迁移、递归的思维技能掌握起来并不轻松。如果教师能将分析的步骤分解开来，便于学生理解，那么就有利于学生进行分析。或许，教师也可以提出一系列问题或示范完成一系列步骤。如果没有教师提前做好辅助准备，一些学生可能就无法掌握迁移、递归的思维技能。未来，学生将在职场遇到越来越多的变数，他们会更加频繁地变换工作，需要不断地熟悉新概念和新的工作程序，因此迁移、递归思维技能的重要性不言而喻。

> 　　如果教师能将分析的步骤分解开来，便于学生理解，那么就有利于学生进行分析。

可用于发展思维技能的问题

　　人在分析的时候，往往需要"缩小视图"才能获得更广阔的视角。虽然细节是强有力的支持依据，但人在分析时不能局限于只看到细节，而是要重点思考这些细节能够支持什么。以下一些问题有助于学生分析技能的发展：

- 这个概念包括哪些主要元素？
- 这个故事包括哪些主要部分？这一幕呢？这一个场景呢？
- 在这个历史事件中，出现了哪些一以贯之的主题？
- 这个故事的转折点在什么时刻？这场战争的转

折点在什么时刻？

- 发生这种情况的五个基本原因是什么？有什么具体细节能够支持你的想法？

- 你以前在哪里曾经遇到过这个概念或主题？

借助图形组织器展开高阶思维

图 5.1 所示的概念地图（concept map）是一种有助于进行分析的图形组织器。在图形中间的圆圈中，写下学习材料或分析对象的主题。在周围的小圆圈中，写下分析对象的组成部分、模块或要素。在小圆圈外围的辐条上，添加具体细节来支持小圆圈里的内容。对许多学生来说，这种可视化的图形组织器有助于他们开展分析思考。

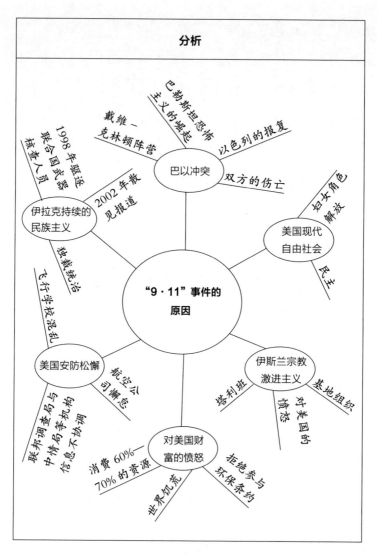

图 5.1　通过图形组织器进行分析的实例

概括洞察——类比

▼

策略描述

类比（making analogies）思维技能是指把新概念、新主题或新想法与熟悉的事物建立联系。有些类比可能乍看起来很奇怪，需要进一步就实际联系做出解释。出其不意的类比往往表明一个人具有高阶思维。此外，类比技能也是分析技能的延伸，一个人越擅长分析，就越能做出体现深刻思想的类比。

> **一个人越擅长分析，就越能做出体现深刻思想的类比。**

与迁移、递归性的联系

从某种意义上说，能否进行类比检验了一个人是否能妥善分析并理解信息。类比就好像一座桥，有利于学生把眼前的概念迁移运用到自己的未来生活中。学生如果想要做好类比，就必须努力从信息中概括出自己洞察到了什么，并将这些洞察与自己熟悉的事物联系起来。

教学提示

当教师指导学生运用类比思维技能时，不应只看学生做出了什么类比，还要关注学生所做类比背后的思维过程。类比取决于如何把未知事物同已知事物联系起来。一般来说，类比着重强调两种事物之间的共性，并通过已知事物的某种属性来了解未知事物。

可用于发展思维技能的问题

教师要提出明确的问题，以促进学生理解进行类比所运用的思维过程和所发现的共性。以下一些问题有助于促进学生发展类比思维技能：

- 它让你想起了什么别的东西？

- 这和我们上周学过的内容有什么相似之处？

- 甲事物为什么像乙事物？

- 你是怎么想到这一点的？

- 你以前什么时候曾经有过这种感觉？

- 如果你需要向低年级学生解释这个概念，你可以怎样类比以帮助他们理解？

借助图形组织器展开高阶思维

图 5.2 中用于进行类比的图形组织器乍看起来非常简单，左边写下一个概念、主题或想法，右边写下它像什么。使用该图形组织器的关键在于，要在两个概念框下方的"原因"框中写明类比依据。因此，学生在运用时要写下他们对这个类比的理解，呈现其进行类比的思维过程。"原因"框中的内容不仅能展示学生对概念、主题的理解程度，也能反映学生的创造性思维。

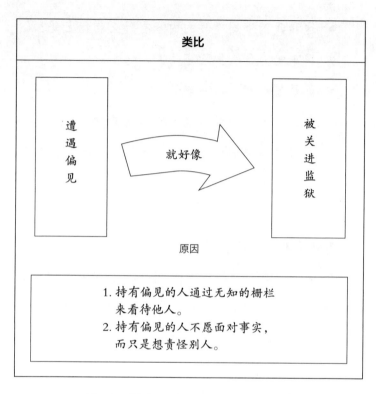

图 5.2 通过图形组织器进行类比的实例

发现应用——迁移

▼

策略描述

迁移（transferring）思维技能，或帕金斯和福格蒂所说的"高路迁移"，是迁移、递归思维维度的终极阶段。这种迁移能够帮助学生把科学课堂中获取的知识和流程运用在历史或地理课堂中。当学生在学校学习了如何完成某个任务，然后在家里迁移应用，或与同伴一起运用时，学生的迁移技能便能得到锻炼。学生掌握迁移技能后，便能够回忆起多年前学过的东西，并把它运用在当下生活的新情境中。

与迁移、递归性的联系

在乍看关联微弱的不同情境中发现可应用的元素，正是迁移、递归思维的意义所在。它需要大脑在面对纷繁的事物时自由想象，以建立其间的关联。学生越是能够娴熟地进行迁移，就越能从学习或具体事件中得到收获。

教学提示

迁移运用知识并不是一项容易掌握的思维技能。帕金斯坦率地指出："人脑在远迁移方面的表现乏善可陈。早在 19 世纪末 20 世纪初，人们就开始了各种相关研究，但鲜有证据表明学生在严谨的学科知识学习方面产生了远迁移。"（Perkins，1995，p.224）

这种现状对教师的引导能力和耐心提出了很大挑战。但我们应看到，学生在掌握了迁移技能之后，就有可能激发出深层次的学习欲望，因为学生终于体验到学习对于自身的益处。而这其中关键的是，学生需要通过自己的高阶思维来体察到这一点。

> **学生在掌握了迁移技能之后，就有可能激发出深层次的学习欲望。**

可用于发展思维技能的问题

知识、技能的迁移应用是教育所要达成的最重要、最核心的目标之一。尽管教育工作者为了培养学生的迁移技能付出了很多努力，但迁移仍然是一项难教又难学的技能。

以下一些问题和提示语能够促进学生迁移思维技能的发展：

- 如果你被困荒岛，那么我们今天学到的东西可能对你走出困境有什么帮助？

- 如果你发现自己身处一个需要讲外语的国家，那么今天的课可能会对你有什么帮助？

- 今天的课可能会给 20 年后的你带来什么益处？

- 音乐家可能会怎样利用这个数学概念？

- 假如数百年后太空旅行成为现实，那么我们的学科可能会对那时的太空旅客有什么帮助？

- 请你描述一下今天课堂所学内容可以怎样运用到家庭生活中。

借助图形组织器展开高阶思维

图 5.3 展示了用于迁移的图形组织器。首先，在

情境一同心圆的外圈中，写下一种具体情境或情况；然后，在内圈中写下从这个情境中提取的有用的原则、概念或主题。接下来，在方孔圆的外圈里，写下第二种情境或情况。最后，在方孔里写下情境一的原则、概念或主题如何启发、指导人们应对第二种情境。方孔里的内容（情境一对情境二的指导意义）看起来是否牵强并不重要，重要的是它要来自对情境一的分析以及两种情境的类比。

图 5.3 通过图形组织器进行迁移的实例

149

结语

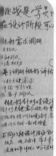

仅仅帮助学生掌握事实类知识还不够，必须让学生的思维上一个台阶。不少教师一念及此就感到很有压力。然而，有的教师已经发现，培养学生的高阶思维有助于他们更深入地理解所学内容，并持久、高质量地掌握。本书提及的每个维度、每个层次的高阶思维及相关的图形组织器、问题都可以成为教师教学的工具，帮助培养学生的批判性问题意识和高阶思维技能。

　　生活中涉及相关高阶思维的问题展示了熟稔的高阶思维技能对日常生活的重要性。读者朋友，当你看到学生在课堂中展现出相关性、丰富性、关联性、严谨（专注）性、迁移（递归）性的高阶思维品质时，愿你享受作为教师的快乐和思维教学的乐趣！

问题头脑风暴
与准备一堂高阶思维技能课

问题头脑风暴

▼

　　我们可以在学科学习中应用高阶思维技能与图形组织器。比如，选择即将要学习的一个单元，结合高阶思维技能的 5 个维度创设问题。附表 A.1 可以帮助教师在创设问题时进行头脑风暴。我们在这里列出了几个问题示例，帮助大家更好地理解表格的用法。附表 A.2 为空白模板，教师们在教学时可运用到自己的课堂中。

附表 A.1 问题头脑风暴

相关—同时代性	丰富—复杂性	关联—联系性	严谨/专注—挑战性	迁移/递归—概念性
• x 和 y 有什么相似点和不同点？	• 你认为这一点最重要时，参照了什么标准？	• 基于已有信息，接下来需要弄清楚什么？	• 是什么驱使这个角色做了这件事？	• 指出促成这一历史事件的五个原因。
• 你对此有什么看法？	• 请描述 50 年后的生活是什么样子。	• x 和 y 之间有什么联系？	• 当你把这种化学物质和另一种化学物质混合时，为什么会发生爆炸？	• 这个人在试图解决这一问题时，犯了什么错误？
• 那件事让你有怎样的情绪感受？	• 根据你现在所知道的信息，为这个角色画幅画。	• 当你听到这一点时，你想到了什么？	• 了解这个人的技能后，你认为她的职业是什么？	• 体会到他人对你的偏见类似于什么？
• 你认为哪个选项最好？	• 我们该如何解决垃圾填埋场问题？	• 除此之外，你还能在哪里应用这一点？	• 这部戏接下来会发生什么？	• 这件事对你 10 年后有什么帮助？
• 为什么我们要知道这个？				
• 你可以怎样使用它？				

附表 A.2 问题头脑风暴模板

相关—同时代性	丰富—复杂性	关联—联系性	严谨／专注—挑战性	迁移／递归—概念性

准备一堂高阶思维技能课

▼

　　教育工作者在过去 20 年中发现，大多数学生并不是先天就具备高阶思维技能。一些学生能通过归纳认识到自己具有多种思维技能和思维方式，更多学生则需要指导才能分辨不同的思维技能，了解自己擅长什么思维技能，需要提高哪些思维技能，以及如何让自己的思维技能更加熟稔与丰富。

　　教育工作者认为，为了让学生更好地掌握思维技能，需要在单元教学或学期教学的不同时间点，明确直接地向学生教授高阶思维技能。附表 A.3 是一个完整的高阶思维技能备课表，用于指导如何备课以明确直接地教授高阶思维技能。附表 A.4 为空白模板。

附表 A.3　高阶思维技能备课表

教学目标	导入（钩子）
教授"分类"和"整理"这两项技能。	播放学生熟悉的一首流行歌曲。问问学生，他们认为演奏歌曲与高阶思维技能之间有什么关系。

主题讲解

向学生讲解什么是"分类"，什么是"整理"。使用 T 形图（如下）会很有帮助。在 T 形图的一边写下"它是什么？"，另一边写下"怎么用它？"让学生思考这两个问题，并把学生对这两个问题的答案写在相应的位置，直到看起来这两个问题已经得到了充分的回答。可以准备两个 T 形图，一个用于讲解"分类"，一个用于讲解"整理"。

分类	整理
它是什么？	怎么用它？

练习活动

给各个小组 20—25 首流行歌曲的名字，或者 20—25 位歌手的名字。请每个小组按照他们认为合适的方式进行分类，并为每个类别命名。

监控	回顾与反思（庆祝）
一定要关注每个小组，观察他们的表现。帮助那些看起来遇到困难或有困惑的小组。稍后，教师可以向全班学生讲一讲。据观察，各小组为了进行分类开展了哪些有益的对话，或采取了什么有效的策略。	让各个小组彼此分享他们是如何分类的。教师可以在这个环节提出这样一些问题：你注意到各组的分类有什么相似之处？又有什么差异？在分类过程中，大家都使用了什么样的思维与决策方式？这种思维技能对校外生活有什么用处？

使用这个备课表的步骤如下。

1. 教学目标：说明要具体教授什么思维技能。

2. 导入（钩子）：明确如何吸引学生的注意力，以及如何向学生展示该思维技能的用途或益处。

3. 主题讲解：确定如何教授该思维技能的不同方面，以及如何将该思维技能可视化，以便学生清晰地知道自己在学什么（例如，准备一些问题，确定使用哪个图形组织器）。

4. 练习活动：确定开展什么活动来帮助学生练习该思维技能，以及该活动是单独开展、两人一组开展，还是分成多人小组开展。

5. 监控：确定如何监控与观察学生对该思维技能的实际运用情况。也可考虑让小组中的成员（同伴）进行监控的办法。教师要留出一些时间在课堂四处走动，以了解课堂情况，并观察学生是如何学习并使用该思维技能的。

6. 回顾与反思（庆祝）：最后，确定如何帮助学生认识到并庆祝自己取得的进步。例如，教师可以考虑开展一个奖励性质的活动，比如读一个故事，播放一个短视频，或者给学生 10 分钟的自由时间来庆祝自己的学习历程和收获。

附表 A.4　高阶思维技能备课表模板

教学目标	导入（钩子）
	主题讲解
	练习活动
监控	回顾与反思（庆祝）

〖附录B〗
图形组织器模板汇总

图形组织器模板的排列顺序与正文中出现的顺序相同。

附表 B.1　图形组织器附录及正文顺序

附录 B 中图形号码	图形组织器名称	正文 / 附录 A 中图形号码
B.1	比较 / 区别 — 维恩图	1.2
B.2	比较 / 区别 — Y 图	1.3
B.3	评价 / 判断	1.4
B.4	应用	1.5
B.5	分类 / 整理 / 排序	2.1
B.6	排序阶梯	2.2
B.7	视觉化 / 想象	2.3
B.8	创造 / 创新 / 发明	2.4
B.9	建立联系	3.1
B.10	强制建立关系	3.2
B.11	推广	3.3
B.12	解释为什么	4.1
B.13	推断	4.2
B.14	定序 / 预测	4.3
B.15	分析	5.1
B.16	类比	5.2
B.17	迁移	5.3

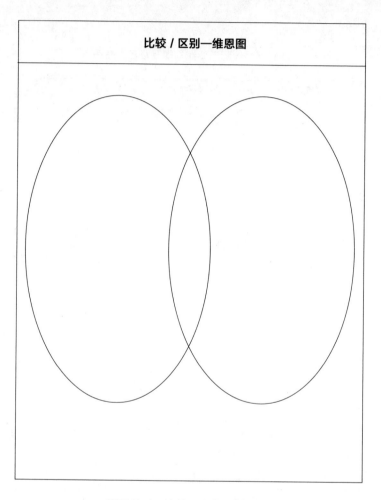

附图 B.1 比较／区别—维恩图

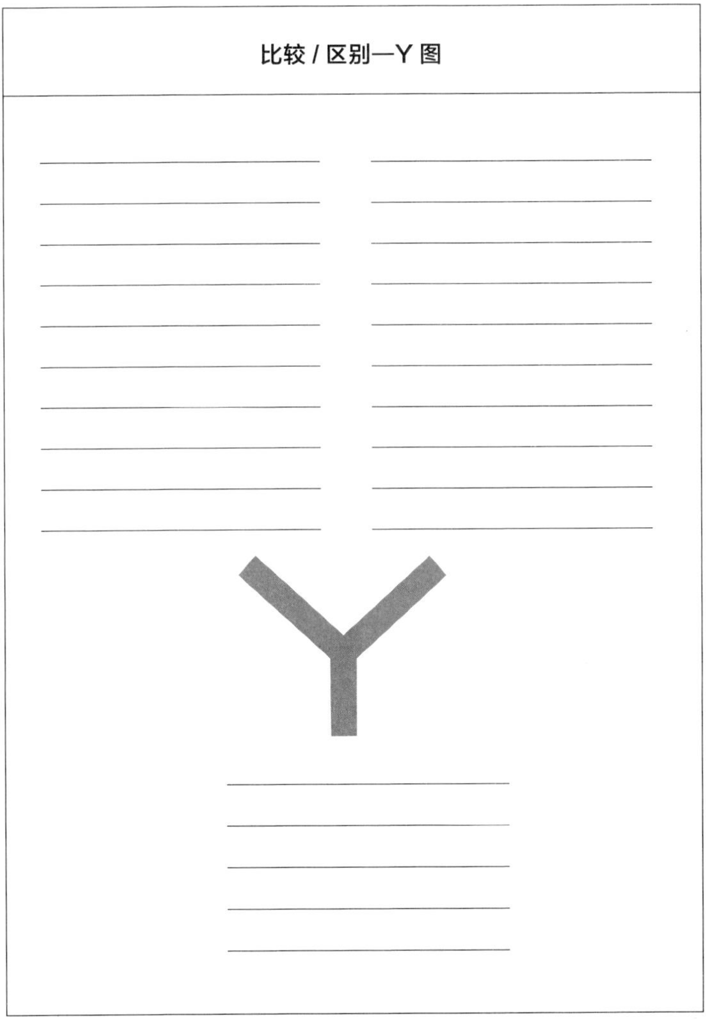

比较／区别—Y 图

附图 B.2 比较／区别—Y 图

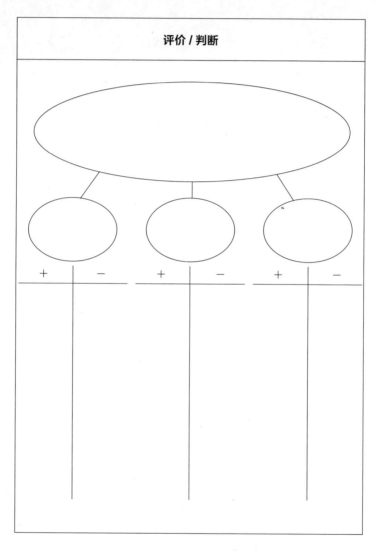

附图 B.3 评价／判断

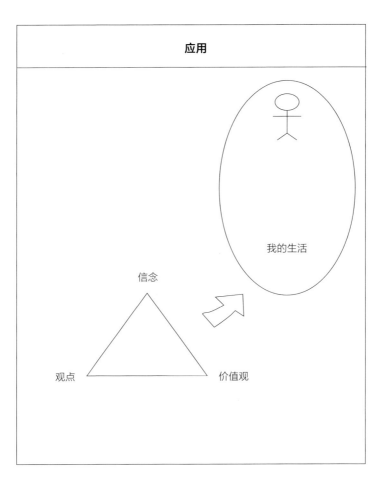

应用

我的生活

信念

观点   价值观

附图 B.4 应用

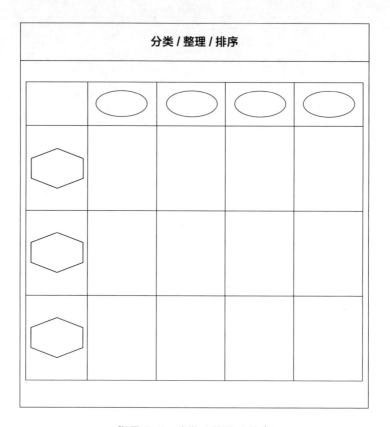

附图 B.5　分类 / 整理 / 排序

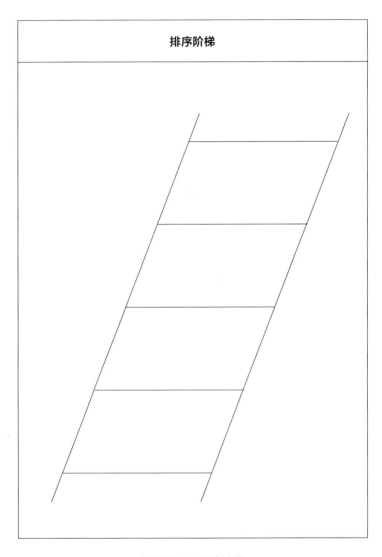

附图 B.6　排序阶梯

视觉化 / 想象		
看起来	听起来	感觉起来

附图 B.7　视觉化／想象

附图 B.8　创造／创新／发明

建立联系		
已知	想知	新知

附图 B.9　建立联系

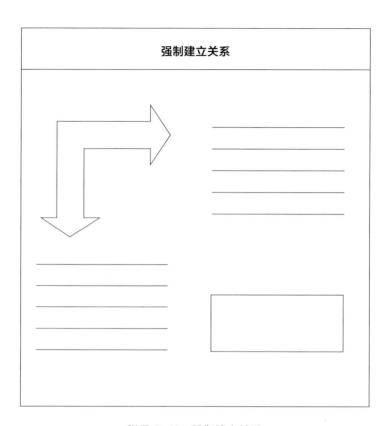

附图 B.10 强制建立关系

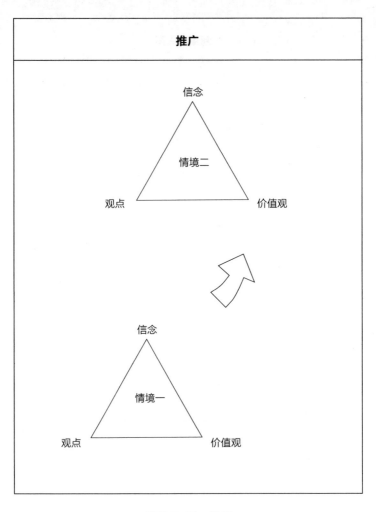

附图 B.11　推广

附图 B.12 解释为什么

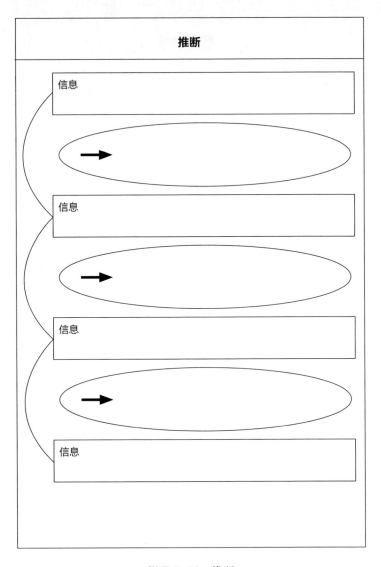

附图 B.13　推断

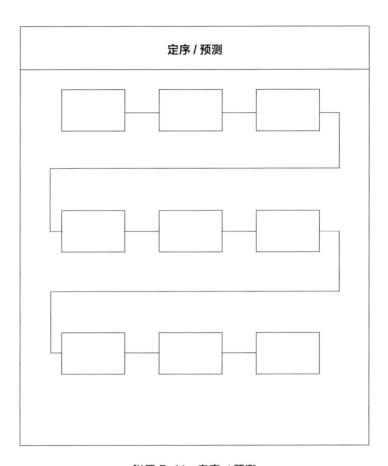

附图 B.14 定序／预测

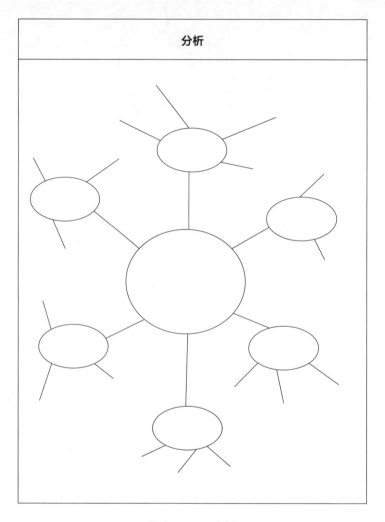

附图 B.15 分析

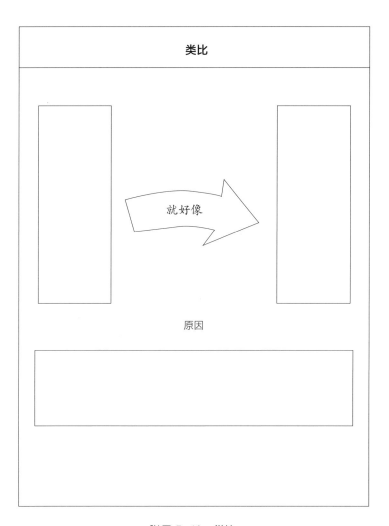

附图 B.16 类比

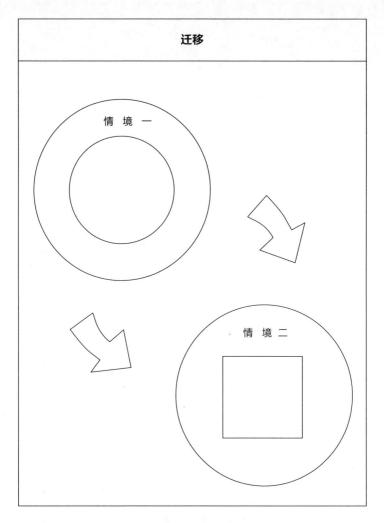

附图 B.17　迁移

【附录C】

可用于发展
15种高阶思维技能的问题示例

附表 C.1 可用于发展 15 种高阶思维技能的问题示例

5 个维度	3 个层次	可用于发展高阶思维技能的问题示例
相关性	比较 / 区别	●这两个人有什么相似之处和不同之处？ ●小说中的这个角色和你有什么相似之处？又有什么不同之处？ ●你与这位历史人物有什么相似之处和不同之处？ ●昨天发生在某地的事件，与我们在这次学习的历史事件有什么共性？ ●这段信息与你上周学习的内容有什么联系？有什么差别？ ●你的做法与这位历史人物的做法有什么异同？ ●你已经读完了这两本小说（两篇故事），为什么你觉得其中一个故事比另一个故事更更贴近生活？
	评价 / 判断	●哪种选择对你更有意义？为什么？ ●用哪种方法解决这个问题最合乎道德伦理？为什么？ ●为了解决这个问题，我们应承哪些相关的价值观？ ●做 A 行动或 B 行动的结果分别是什么？ ●这段内容揭示了哪些相关观点？ ●你在做判断的时候参照了什么标准？

187

续表

5 个维度	3 个层次	可用于发展高阶思维技能的问题示例
相关性	应用于生活	• 你什么时候在生活中遇到过同样的问题？ • 你曾什么时候失去过心爱的东西？ • 你可能会怎样把这一点应用于课堂以外的场合？ • 这种情况带来了什么样的机遇和挑战？ • 这种方式是否对你目前处理事情的方式提出了挑战或疑问？体现在什么地方？ • 这则信息启发你思考什么新的方向？
丰富性	分类／整理／排序	• 这些事件或信息可以分为五个或六个类别吗？如何分？ • 你会给这几个不同的类别分别取什么名字？ • 你如何进行分类，以保证每个类别具有各自的独特性？ • 哪些类别（集群、小组）之间具有某种联系？ • 关于这个议题，按照影响程度或重要性大小，你可以对这些不同的类别进行怎样的排序？
	视觉化／想象	• 如果当初故事中的人物选择了另一条路，后来会发生什么？ • （故事进行到一半）基于目前的情节发展，请创作出结局。 • 画一幅画，来表达正义、自由或多样性。

5 个维度	3 个层次	可用于发展高阶思维技能的问题示例
丰富性	视觉化／想象	● 如果南部联盟赢得了美国内战，美国人的生活会有什么不同？ ● 想象一下，戈尔会如何回应 "9·11" 事件？ ● 畅想一下，10 年以后你的生活会是什么样子？
	创造／创新／发明	● 如果你只有 x、y、z，如何创造出 a、b、c？ ● 除了依靠进口石油，或在国内保护区开采石油，还有什么办法可以解决能源危机？ ● 你可以用什么比喻来向别人解释这个概念？ ● 得到这个结果还有哪些其他的方法？ ● 这个问题有哪六种可能的解决办法？ ● 按照这五个标准或参数，你能设计出哪三种宅方案？
关联性	建立联系	● 小说中的某个人物和你有什么相似之处？ ● 你会怎样扮演这个角色展开对话？ ● 我们以前什么时候也曾遇到过这个问题？ ● 你曾经什么时候因发现了事物想不到的关联而感到惊讶？你是怎样发现这种联系的？ ● 你们小组共有四人，尝试找出你们之间的五个共同点。

5 个维度	3 个层次	可用于发展高阶思维技能的问题示例
关联性	强制建立关系	• 这两种相互矛盾的观点之间有什么相似之处？ • 这两个对立的角色可通过什么方式建立联系？ • 有哪些可能的场景或许能促进解决中东危机？ • 按照你的思路，你刚才发表的观点与正在讨论的话题有什么关系？ • 为什么说莎士比亚的《哈姆雷特》可能与《星球大战》有着一致的主题？ • 甲事物如何让你想起了乙事物？ • 今天的课更像一碗意大利面还是一份冰激凌？为什么？
	推广	• 这次经历教会了你什么？ • 这次经历对你课堂之外的生活有什么帮助？ • 你的过往经历对你解决现在的问题有什么帮助？ • 对这一情况的思考你取得了哪些突破，帮助你解决了目前的问题？ • 这个人物角色在这段故事中体现出什么信念、价值观？ • 既然你秉持这样的信念，那么下次发生这种情况时，你的做法会与上次有什么不同？

190

续表

5个维度	3个层次	可用于发展高阶思维技能的问题示例
严谨/专注性	解释为什么	●是什么信息使你得出这个结论？ ●产生这些结果，还有哪些其他潜在的原因？ ●在所有的解释中，哪一条原因与已知信息联系最紧密？ ●你如何检验自己分析的准确性？ ●根据你收集的信息，你猜测这些信息可能产生什么结果？换句话说，如果把这些已知信息作为起因，那么它们将来可能会产生什么结果？ ●假如实验结果与你当初设定的假设有差异，请找出差异产生的三个原因。
	推断	●鉴于三位参议员已经对这三项议案投了赞成票，你认为她对 ×× 的立场是什么？ ●如果某人从 3 点到 5 点在此地，从 7 点到 9 点半在彼地，那么 5 点半到 7 点半这段时间他可能在哪里？ ●你认为你的钱包可能是在哪里丢的？ ●如果你的好朋友不在家，他可能会在哪里？ ●如果你被困在交通堵塞中，突然听到许多警车和消防车鸣笛声，你认为前方可能发生了什么情况？ ●如果佛罗里达州作物生长季节连续一周遭遇大霜冻，哪些商品明年可能会涨价？

续表

5 个维度	3 个层次	可用于发展高阶思维技能的问题示例
严谨 / 专注性	定序 / 预测	• 解这个方程的正确步骤是什么？ • 把你要做的实验步骤一步一步列出来。 • 根据目前已读的内容，你认为接下来会发生什么？ • 你认为谁会赢得选举？什么信息令你得出这个结论？ • 故事开始前发生了什么？ • 如果国家发动战争，会给经济带来什么变化？
	分析	• 这个概念包括哪些主要元素？ • 这个故事包括哪些主要部分？这一幕呢？这一个场景？ • 在这个历史事件中，出现了哪些一以贯之的主题？ • 这个故事的转折点在什么时刻？这场战争的转折点在什么时刻？ • 发生这种情况的五个基本原因是什么？有什么细节能够支持你的想法？ • 你以前在哪里曾经遇到过这个概念或主题？
迁移 / 递归性	类比	• 它让你想起了什么别的东西？ • 这和我们上周学过的内容有什么相似之处？

续表

5 个维度	3 个层次	可用于发展高阶思维技能的问题示例
迁移 / 递归性	类比	●甲事物为什么像乙事物？ ●你是怎么想到这一点的？ ●你以前什么时候曾经有过这种感觉？ ●如果你需要向低年级学生解释这个概念，你可以怎样类比以帮助他们理解？
	迁移	●如果你被困荒岛，那么我们今天学到的东西可能对你走出困境有什么帮助？ ●如果你发现自己身处一个需要讲外语的国家，那么今天的课会对你有什么帮助？ ●今天的课可能会给 20 年后的你带来什么益处？ ●音乐家可能会怎样利用这个数学概念？ ●假如数百年后太空旅行成为现实，那么我们的学科可能会对那时的太空旅客有什么帮助？ ●请你描述一下今天课堂所学内容可以怎样运用到家庭生活中。

参考文献

Bellanca , J. & Fogarty , R. (1986). Catch them thinking: A handbook of classroom strategies. Glenview, IL:Pearson SkyLight Professional Development.

Bellanca, J. & Fogarty, R. (1991). Blueprints for thinking in the cooperative classroom. Thousand Oaks, CA: Corwin.

Ben-Hur, M, (Ed.). (1994). On Feuers tein's instrumental enrichment: A collection. Glenview, IL: Pearson SkyLight Professional Development.

Black, S. (2001). Child or widget? Journal of Staff Development, 22(4), 10–13.

Caine , G., Caine , R. N., & Crowell , S. (1994). Mindshifts: A brain-based process for restructuring schools and renewing education.Tucson, AZ: Zephyr Press.

Caine, R. N., & Caine, G. (1991). Making connections: Teaching and the human brain. Alexandria, Virginia: Association for Supervision and Curriculum Development.

Caine, R. N., & Caine, G. (1997). Education on the

edge of possibility. Alexandria, VA: Association for Supervision and Curriculum Development.

Costa, A. L. (1991).The school as home for the mind. Thousand Oaks, CA: Corwin.

Csikszentmihalyi, M. (1990). Flow: The psychology of optimal experience. New York: Harper & Row.

Doll, W. E. (1993).Curriculum possibilities in a "post" future. Journal of Curriculum and Supervision, 8(4), 277– 292.

Elder, L. & Paul, R. (1994). Critical thinking: Why we must transform our teaching. Journal of Developmental Education, 18(1), 34–35.

Elder, L. & Paul, R. (1997). Critical thinking: The key to emotional intelligence. Journal of Developmental Education, 21(1), 30–41.

Elder, L. & Paul , R. (1998). Critical thinking: Developing intellectual traits. Journal of Developmental Education, 21(3), 34–35.

Fogarty, R. (1990). Designs for cooperative interactions. Thousand Oaks, CA: Corwin.

Fogarty, R. (1994). How to teach for metacognitive reflection. Thousand Oaks, CA: Corwin.

Fogarty, R. (1995). Best practices for the learner-centered classroom. Glenview, IL: Pearson SkyLight Professional Development.

Fogarty, R.(1997). Brain compatible classrooms. Glenview, IL: Pearson SkyLight Professional Development.

Fogarty, R. (2002). Brain compatible classrooms (2nd ed.). Thousand Oaks, CA: Corwin.

Fogarty, R., & Bellanca, J. (1991). Patterns for thinking patterns for transfer. Glenview, IL: Pearson SkyLight Professional Development.

Fogarty, R., Perkins, D., & Barell, J. (1992). How to teach for transfer. Glenview, IL:Pearson SkyLight Professional Development.

Fusco, E. & Fountain, G. (1992). Reflective teacher, reflective learner. In A. Costa, J. Bellanca, & R. Fogarty (Eds.), If minds matter: A foreword to the future: Vol. 1, (pp.239–255). Arlington Heights, IL:SkyLight Publishing.

Gardner, H. (1983). Frames of mind. New York: Basic Books.

Gardner, H. (1999a). The disciplined mind: What all students should understand. New York: Simon and Schuster.

Gardner, H. (1999b). Intelligence reframed. New York: Basic Books.

Goleman, D. (1995). Emotional intelligence. New York: Bantam Books.

LeDoux, J. (1996). The emotional brain. New York: Touchstone.

Ogle, D. (1986). K-W-L group instruction strategy. In A. Palincsar, D. Ogle, B. Jones, & E Carr (Eds.), Teaching techniques as thinking (Teleconference resource guide). Alexandria, VA: Association for Supervision and Curriculum Development.

Parry, T. & Gregory, G. (1998). Designing brain compatible learning. Thousand Oaks, CA: Corwin.

Paul, R. (1993). Critical thinking: What every person needs to survive in a rapidly changing world. Dillon

Beach, CA: The Foundation for Critical Thinking.

Paul, R. (1999). Critical thinking: Basic theory and instructional strategies. Dillon Beach, CA: The Foundation for Critical Thinking.

Perkins, D. (1995). Outsmarting IQ: The emerging science of learnable intelligence. New York: The Free Press.

Prentice, M. (1994). Catch them learning. Thousand Oaks, CA: Corwin Press.

Schrenko, L. (1994). Structuring a learner-centered school. Thousand Oaks, CA: Corwin Press.

Silberman, M. (1996). Active learning: 101 strategies to teach any subject. Boston, MA: Allyn and Bacon.

Sylwester, R. (1995). A celebration of neurons: An educator's guide to the human brain. Alexandria, VA: Association for Supervision and Curriculum Development.

U.S. Department of Labor. (1992). Learning a living: A blueprint for high performance: A scans report for America 2000. Washington, DC: U.S. Government

Printing Office.

Wheatley, M. J. (1992). Leadership and the new science. San Francisco: Berrett-Koehler Publishers.

Williams, R. B. (2002a). Cooperative learning: A standard for high achievement. Thousand Oaks, CA: Corwin Press.

Williams, R. B. (2002b). Multiple intelligences for differentiated learning. Thousand Oaks, CA: Corwin Press.

Williams, R. B. & Dunn, S. E. (2000). Brain compatible learning for the block. Thousand Oaks, CA: Corwin Press.

Wolfe, P. (2001). Brain matters: Translating research into classroom practice. Alexandria, VA: Association for Supervision and Curriculum Development.

Zemelman, S., Daniels, H., & Hyde, A. (1993). Best practice: New standards for teaching and learning in America's schools. Portsmouth, NH: Heinemann.

出 版 人　李　东
责任编辑　殷　欢
版式设计　私书坊_蓝嬉文　郝晓红
责任校对　马明辉
责任印制　叶小峰

图书在版编目（CIP）数据

高阶思维培养有门道 /（美）R. 布鲁斯·威廉姆斯著；
刘静译 . —北京：教育科学出版社，2021.4（2023.11 重印）
（梦想教育家书系 . 课堂变革系列）
　书名原文：Higher Order Thinking Skills：
Challenging All Students to Achieve
　ISBN 978 - 7 - 5191 - 2467 - 0

　Ⅰ . ① 高… 　Ⅱ . ① R… ② 刘… 　Ⅲ . ① 思维能力—能力
培养 　Ⅳ . ① B842.5

中国版本图书馆 CIP 数据核字（2021）第 004467 号

北京市版权局著作权合同登记 图字：01-2020-6991 号

梦想教育家书系·课堂变革系列
高阶思维培养有门道
GAOJIE SIWEI PEIYANG YOU MENDAO

出 版 发 行	教育科学出版社			
社　　　址	北京·朝阳区安慧北里安园甲 9 号	邮　　编	100101
总编室电话	010-64981290	编辑部电话	010-64981269
出版部电话	010-64989487	市场部电话	010-64989009
传　　　真	010-64891796	网　　址	http：//www.esph.com.cn
经　　　销	各地新华书店		
印　　　刷	保定市中画美凯印刷有限公司		
开　　　本	720 毫米 × 1020 毫米　1/16	版　　次	2021 年 4 月第 1 版
印　　　张	15.5	印　　次	2023 年 11 月第 6 次印刷
字　　　数	108 千	定　　价	49.80 元

Higher Order Thinking Skills: Challenging All Students to Achieve

By R. Bruce Williams